AF314725

LES MYSTÈRES

DU

VOL DES OISEAUX DÉVOILÉS

Suivis de

L'AILE PROPULSIVE

APPLIQUÉE

A LA NAVIGATION ET A L'AVIATION

Considérations générales sur le mouvement
des corps dans les FLUIDES

Par H. et L. PLANAVERGNE

MARSEILLE

CAMOIN, LIBRAIRE-ÉDITEUR

Rue Cannebière, 1.

1872

LES MYSTÈRES

DU

VOL DES OISEAUX DÉVOILÉS

AU LECTEUR

Il y a près de 30 ans, mon esprit fut fortement impressionné par cette idée — si on pouvait lancer à la surface de l'eau un véhicule de forme appropriée, de même qu'on lance un galet aplati, et si l'on pouvait entretenir une grande vitesse, il ricocherait d'une manière continue tangentiellement à la surface, et par suite sans chocs. L'eau n'aurait pas le temps de se dérober sous le passage rapide et instantané du véhicule qui courrait comme sur une plaine unie de glace, et l'on parviendrait ainsi, à éviter la loi de la résistance proportionnelle au carré de la vitesse. J'espérais réaliser ainsi un nouveau mode de locomotion extrêmement rapide que j'ai désigné, il y a bien longtemps, sous le nom de *vol à la surface de l'eau*. Le mot *aviation* n'avait pas encore été créé.

J'ai publié, il y a bien des années, plusieurs mémoires sur ce sujet. Des comptes-rendus de M. Victor Meunier, insérés dans le journal *La Presse*, furent reproduits par presque tous les journaux de la France et de l'Étranger, et attirèrent fortement l'attention publique sur cette importante question.

Je ne me bornai pas seulement à des travaux théoriques. Je fis, avec mes seules ressources, des expériences variées et successives sur le Lot, sur la Seine et sur la Weste. Par suite de ces longues recherches, j'acquis la certitude que les propulseurs actuels manquaient totalement des qualités nécessaires pour l'aviation au ras de l'eau ; En effet, il fallait un propulseur dont l'impulsion, très grande au départ, allât en s'affaiblissant progressivement et donnât automatiquement en vitesse ce qu'il perdait en force impulsive. Aucun propulseur connu ne remplit ces conditions. Aussi, après de grandes dépenses de temps et d'argent, j'arrivai à des résultats insuffisants et il m'est resté la satisfaction d'avoir décliné de nombreuses offres pécuniaires.

Je ne perdis pas tout espoir, j'étudiai et cherchai à analyser les propulseurs dont la nature nous offre de si nombreux et de si parfaits modèles, et j'arrivai à la découverte de nouveaux propulseurs qui sont tout-à-fait appropriés à l'aviation. Depuis cette découverte déjà fort ancienne, des motifs graves, parmis lesquels l'état de ma santé m'ont fait ajourner jusqu'a présent la continuation de mes expériences. J'espère les reprendre enfin cette fois, et réaliser un espoir bien ancien.

Comme je l'ai déjà dit, je fus conduit tout d'abord, à étudier les propulseurs de la nature. Leur supériorité sur ceux de l'industrie est si grande et les causes en sont si importantes, que j'espère exciter tout l'intérêt du lecteur en les analysant.

Je remarquai d'abord que tous les propulseurs de la nature peuvent être considérés comme des systèmes de plans inclinés automoteurs, à inclinaisons variables, agités perpendiculairement au sillage. Le propulseur artificiel qui s'en rapproche le plus est l'hélice propulsive. En effet, la surface de l'hélice peut être considérée comme composée d'une infinité d'éléments plans inclinés sur l'axe de rotation, et animés de vitesses perpendiculaires à cet axe

Mais quelle infériorité de la part de l'hélice ! Pour s'en convaincre, il suffit d'examiner le vol d'un oiseau à longue envergure. Comment des battements d'ailes si lents peuvent-ils produire un sillage si rapide ? L'étonnement augmente bien davantage, quand on réfléchit que l'air offre un point d'appui plus de mille fois moins résistant que celui de l'eau. Évidemment tous les propulseurs de l'industrie fourniraient dans les mêmes circonstances un travail nul et même négatif.

Ce n'est pas tout : certains oiseaux bien organisés pour le vol, passent pour ainsi dire leur vie dans l'air. L'albatros, par exemple, vole en planant dans l'air agité sans donner le moindre coup d'ailes. Les navigateurs qui ont observé ce fait, avouent trouver là un profond mystère. Ce phénomène révèle, en effet, un grand secret de la nature dont la découverte constituera le plus grand progrès de l'humanité, car il est la clef qui ouvrira aux hommes la porte des régions athmosphériques. Il est, en effet, évident, à priori, que les moyens qui permettent aux oiseaux de voler en se reposant dans l'air, procureront les mêmes avantages aux hommes qui sauront les employer. Ainsi, le problème qui intéresse le plus l'humanité consiste dans la découverte des mystères qui accompagnent le vol des oiseaux, car, savoir c'est pouvoir.

Pour résoudre un cas particulier de l'aviation, l'aviation au ras de l'eau, je fus conduit à étudier les lois qui régissent le cas général. On verra, en lisant cette étude, que les moyens employés par la nature sont d'une extrême simplicité, et que, dans ce cas comme toujours, on retrouve le grand principe : Petites causes, grands effets.

Après de bien longues recherches, je suis parvenu à frayer un chemin dans ces régions tout-à-fait inexplorées. Le lecteur qui voudra bien me suivre dans cette voie, verra que tous les voiles cachant les mystères du vol des oiseaux seront levés un à un, et le problème de l'aviation lui apparaitra comme entièrement résolu en théorie, et n'offrant aucune difficulté dans la réalisation : et ce n'est pas une solution approximative et incomplète comme la navigation aérienne par les aërostats : c'est une solution absolue et complète. L'aviateur, muni d'un appareil de la dernière simplicité, pourra faire des voyages de *circum-aviation* en aussi peu de jours qu'il lui faut de mois pour des voyages de circumnavigation. Il aura pour moteur principal, ainsi que je le démontrerai, le vent qui ne lui fera guère défaut, et pour moteur auxiliaire, ses forces musculaires dont il ne fera usage qu'en cas d'insuffisance du premier. Le travail musculaire, même dans l'absence totale du vent, lui sera moins pénible qu'une marche modérée.

Le problème dont je vais exposer la solution est si important qu'il promet aux hommes une ère nouvelle, l'ère de la liberté absolue et de l'abolition complète de la misère qui rendrait la liberté illusoire. L'homme, n'ayant plus de barrières arrêtant son essor, deviendra maître de lui-même : Il n'y aura plus de pauvres, car tous les déshérités de la fortune pourront aller choisir parmi les terres fertiles restées vierges parce qu'elles étaient inaccessibles. Ces terres ne leur manqueront pas, car elles ont une étendue décuple de celles où les populations vivent pressées et dans une gêne mutuelle. Elles seront très rapprochées, car les distances devront se compter en heures et non plus en kilomètres. Ainsi la loi de Malthus qui paraissait fatale comme les lois de la nature, se trouvera conjurée. Il n'y aura plus de déshérités du sort, et la nature, prodigue de ses biens, ne retranchera plus violemment des créatures de son sein.

Qui peut le plus peut le moins. Le propulseur de l'aviation donne la solution du problème du vol à la surface des eaux tranquilles. Ce problème procurera gratuitement un réseau immense de voies plus rapides et plus économiques que les chemins de fer; j'ai nommé les fleuves, rivières et canaux.

En outre, le propulseur pouvant trouver un point d'appui dans l'air, sera, à fortiori, excellent pour la navigation. Je démontre dans le travail qui va suivre, qu'il économisera les 4/5 de la force motrice gaspillée jusqu'à ce jour par les propulseurs usuels, et qu'il ne présentera aucun des inconvénients graves de ceux-ci.

Le lecteur impartial trouvera, je l'espère, des preuves suffisantes à l'appui des grandes promesses qui viennent d'être énoncées.

Parvenu au bout d'une carrière longue et laborieuse, je n'aurais pas trouvé assez de force pour publier ce travail qui a occupé une si grande partie de ma vie, si la nature ne m'avait procuré un collaborateur qui a colligé et coordonné de nombreuses notes et, dont les connaissances m'ont été d'une grande utilité.

Marseille, le 15 avril 1872.

DU VOL DES OISEAUX

Dans la théorie que je vais exposer, comme dans les observations diverses que je rapporterai à ce sujet, je me servirai indifféremment de deux expressions. Dire que les ailes de l'oiseau frappent l'air, ou que l'air frappe les ailes de l'oiseau, le résultat est le même. La seconde de ces deux expressions sera même le plus souvent employée au lieu de la première.

Quand un oiseau vole, quelle que soit la direction dans laquelle l'air frappe ses ailes, celles-ci s'infléchissent ainsi que les plumes élastiques qui les terminent, et prennent une direction oblique à celle du sillage. Les pressions normales que l'air exerce ainsi sur les différents points des ailes peuvent se décomposer chacune en deux forces, l'une perpendiculaire à la direction du mouvement, force dont le travail utile est nul, l'autre dirigée dans le sens du sillage. Ces dernières composantes ont toujours un effet direct dans le sens du mouvement.

Je viens de signaler là une propriété générale des propulseurs créés par la nature. Les mêmes phénomènes s'observent, en effet, dans la queue et les nageoires des poissons. Dans les propulseurs industriels, au contraire, on rencontre des composantes nulles et même nuisibles au mouvement. Cet avantage de ne produire que des forces favorables à la marche, caractérise donc les propulseurs de la nature ; c'est là une propriété capitale.

Il en est une autre, des plus remarquables aussi, et que je vais tâcher d'expliquer.

Lorsqu'un oiseau se dirige horizontalement dans l'air calme, cet air, en venant se briser sur les vertèbres antérieures de l'aile, produit aussi des impulsions directes d'une grande efficacité, qui combattent la résistance de l'air.

En effet, l'air brisé contre l'arête antérieure entre en vibration. Ces vibrations rapides et perpendiculaires au sillage font infléchir les extrémités des plumes dans des sens contraires, alternativement en dessus et en dessous. On obtient ainsi des composantes favorables à la marche, d'après la propriété exposée plus haut. Ces vibrations sont d'autant plus rapides et fortes que l'air se brise avec plus de force, c'est-à-dire que la vitesse de l'oiseau est plus grande, de sorte que les impulsions qu'elles produisent croissent à peu près proportionnellement à la résistance de l'air. On voit d'après cela que, dans le vol, la résistance est loin de croître, ainsi qu'on le pense généralement, avec le carré de la vitesse. Ce principe a besoin d'être confirmé.

Une preuve de l'existence de ces vibrations, c'est le bruit que produit l'air en se brisant sur un obstacle linéaire, les cordages d'un navire par exemple. La hauteur et l'intensité du son qui varient avec la vitesse du vent indiquent l'augmentation rapide de ces vibrations. Mais ce faitqui en démontre l'existence ne prouve pas que ces vibrations soient, ainsi que je l'ai affirmé, perpendiculaires à la direction du vent.

Une seconde observation prouve à la fois l'existence et la direction vibratoire de ce mouvement. Il suffit, en effet, d'examiner le spectacle que nous présente une banderole légère, fixée à une hampe étroite, et flottant au vent. On remarque des ondulations régulières et isochrones qui parcourent de l'avant à l'arrière toute la longueur de la banderole, en établissant d'une manière évidente la direction des ondes sonores. En effet, les saillies correspondent évidemment à des ondes condensées, et les creux à des ondes dilatées.

Plus le vent devient fort, plus ces ondulations deviennent courtes, rapides et violentes, et quand le vent est suffisamment frais, elles produisent un bruissement qui indique leur force.

Ces ondulations n'ont pas d'effet sur les parties antérieure et moyenne de l'aile qui, à cause de leur rigidité, ne peuvent s'incliner sous leur pression, mais bien sur les extrémités flexibles des plumes, et sur les barbes qui sont à l'arrière des rémiges. Ces parties de l'aile éprouvent des percussions alternatives et de sens contraire qui les font vibrer, et produisent en s'inclinant, comme il a été dit déjà, des composantes effectives pour la progression en avant. Il est évident, d'après cela, que plus les ailes sont étroites et longues, plus l'effet impulsif est considérable. L'observation, comme nous le verrons plus tard, confirme ces faits.

Pour étudier cette propriété qui joue un grand rôle dans le vol des oiseaux, j'ai fait une expérience bien simple. Je me suis servi d'un roseau d'une grande longueur, fendu longitudinalement vers son extrémité, et dans cette fente j'ai placé, d'un seul coté du roseau, une bande étroite de papier parcheminé, raide et élastique. Tenant ensuite le roseau horizontalement, et tournant sur place, j'ai pu imprimer facilement une grande vitesse à la partie garnie à l'arrière avec la bande de papier. Lorsque la vitesse était peu considérable, la bande élastique n'éprouvait pas de vibrations sensibles, mais, en faisant croître la vitesse, la bande ne tardait pas à entrer en vibrations, et celles-ci devenant de plus en plus rapides, il se produisait un bruissement croissant qui, devenant très puissant, indiquait des percussions très fortes de l'air contre la bande élastique. Évidemment, ces percussions devaient produire des impulsions d'autant plus effectives que le nombre des vibrations était plus considérable.

Il était facile, en effet, en comparant la résistance

au mouvement du roseau nu avec celle du même roseau garni de sa bande, de sentir, dans le second cas, la résistance considérablement atténuée.

La conclusion à tirer de ces observations, c'est que lorsqu'un oiseau fend les airs, il éprouve une résistance très faible, que le travail de cette résistance est aussi très faible, et que, par suite, l'oiseau a très peu de travail musculaire à produire dans son vol, lorsque sa vitesse est grande. C'est ce que viendront confirmer pleinement les observations ultérieures que je me propose de citer.

Dans le vol horizontal, l'oiseau n'a à combattre que le travail de la résistance de l'air et celui de la pesanteur. Nous venons de voir que le premier exige peu de dépense de force : il va être établi que le second varie à peu près en raison inverse du carré de la vitesse, de telle sorte que, quand celle-ci est grande, le travail de la pesanteur devient tout-à-fait insignifiant. Ce fait capital résulte d'un principe qui va servir de base à ma nouvelle théorie et que je désigne sous le nom de *Principe des pressions successives et instantanées*. Ce principe lui-même découle directement de la loi de l'inertie. C'est en se basant sur cette loi que l'on démontre l'extrême lenteur du déplacement initial d'un corps sous l'action de forces continues. Ainsi, considérons un bâtiment à vapeur se mettant en marche sous l'influence de son moteur. Pendant un instant initial très court, le premier centième de seconde, par exemple, le déplacement est tout-à-fait insensible. Un autre exemple fera mieux ressortir l'idée que je veux exposer. Lorsqu'un corps, partant du repos, tombe librement dans l'air sous l'action de la pesanteur, force continue, il parcourt pendant la première seconde de sa chûte 4^m,9044 ou, en nombre rond, 5 mètres. Si, maintenant, on fait la remarque que le corps, partant du repos, s'anime d'une vitesse uniformément accélérée et que, dans ces conditions, on calcule le chemin parcouru pendant le premier centième de seconde, on trouve qu'au lieu d'être le centième de 5 mètres il en est le dix-millième seulement, soit un demi millimètre. Dans le deuxième centième de seconde il parcourt un chemin triple, quintuple pendant le troisième, et ainsi de suite.

Ainsi un corps tombant parcourra dans le premier centième de seconde, non pas le centième de l'espace parcouru en une seconde, mais un espace cent fois plus petit.

Ce principe peut se démontrer rigoureusement d'une façon très simple et très précise. — Une force constante agissant sur un corps en repos, lui imprime pendant un temps infiniment petit une vitesse moyenne infiniment petite, et l'espace parcouru, qui est le produit de la vitesse moyenne par le temps, étant un produit de deux infiniments petits du premier ordre est donc un infiniment petit du second ordre. Ce principe est relativement vrai lorsque les temps au lieu d'être infiniment petits sont très petits. Je suppose dans ce principe que la force n'ait pas de grandeur disproportionnée relativement à la masse, comme cela a lieu habituellement dans les chocs.

En vertu de ce principe incontestable, quand un oiseau trace dans l'air un sillage horizontal, les ailes étendues, il appuie pendant des temps excessivement courts sur des masses d'air partant du repos, et qui n'ont pas le temps de se dérober sensiblement sous la pression de l'oiseau, d'où il résulte que la descente de celui-ci dans le sens vertical est tout-à-fait insensible.

Pour préciser les idées, je suppose que l'oiseau, les ailes étendues et sans vitesse horizontale, descende d'un mètre pendant une seconde. Si pendant cette même seconde, au lieu de tomber verticalement d'un mètre, il **s'avance** horizontalement de 100 fois sa longueur moyenne, il s'appuiera sur des masses successives d'air partant du repos, et sur chacune desquelles il n'agira que pendant un centième de seconde, d'où, en calculant, il résulte qu'au lieu de descendre d'un mètre, il ne descendra que d'un centimètre sous l'action de la pesanteur.

Dans ce raisonnement, j'ai supposé que l'oiseau rencontrait des masses d'air partant du repos, mais il n'en est pas ainsi. L'air que l'oiseau refoule en avant se trouve comprimé et a une vitesse relative de bas en haut, d'où résultent sous les vertèbres antérieures de l'aile des chocs continus que je désignerai sous le nom de *Réactions infinitésimales*. Ces réactions font que la chûte de l'oiseau, au lieu de varier en raison inverse de la vitesse, diminue beaucoup plus rapidement et varie à peu près en raison inverse du carré de la vitesse. Dans la suite je démontrerai ce fait d'une manière différente et d'après d'autres considérations indiscutables.

La conclusion à tirer de ce que je viens de dire, c'est que le travail de la pesanteur variant en raison inverse du carré de la vitesse, l'oiseau qui doit dépenser une grande force musculaire quand il se soutient sur place, n'a à employer qu'une force insignifiante dans un sillage horizontal rapide. En rapprochant ce principe du précédent, on voit bien que l'oiseau n'a à déployer qu'une force très faible pour vaincre et le travail de la résistance de l'air, et celui de la pesanteur, résultat tout-à-fait contraire à ceux trouvés par tous les géomètres, qui, jusqu'à présent, se sont occupés de ces questions. Les observations que je citerai confirmeront d'une manière évidente ces conclusions nouvelles.

Une remarque importante, c'est que l'air, quoique près de 800 fois moins dense que l'eau, et présentant une mobilité incomparablement plus grande que celle de ce liquide, offre un point d'appui contre la pesanteur, point d'appui très résistant et très efficace. Nous verrons avant peu que ce même point d'appui existe pour l'aile que je décrirai plus tard.

L'aile considérée comme propulseur. — Lorsque l'oiseau exécute un battement d'ailes, celles-ci s'orientant comme des girouettes ; glissent sur une longue lame d'air, et les différentes parties de cette lame éprouvent des pressions successives qui ne durent que pendant des instants très courts, qu'on ne pourrait évaluer que par quelques centièmes ou quelques millièmes de seconde. Ces masses d'air n'ont pas le temps de se dérober d'une quantité sensible, et l'aile est passée avant qu'elles aient pu acquérir un mouvement appréciable. Les ailes et les plumes flexibles, en frappant l'air, s'infléchissent comme il a été dit au commencement de cette théorie, et les réactions normales que l'air exerce fournissent des composantes effectives pour le sillage. Cela explique un fait qui paraît des plus surprenants au premier abord, fait qui consiste en ce que certains oiseaux bien organisés pour le vol, peuvent au moyen de battements d'ailes très lents, produire des sillages excessivement rapides. C'est là un des effets les plus remarquables et les plus étonnants, qui proclame hautement l'immense supériorité de l'aile sur tous les propulseurs artificiels.

Ainsi le point d'appui que l'on n'a réalisé que d'une manière très imparfaite dans l'eau au moyen des propulseurs artificiels, et qu'on a vainement cherché dans l'air, se trouve réalisé avec une perfection admirable par l'aile des oiseaux.

L'aile considérée au point de vue du rendement. — Une autre propriété fort importante de l'aile consiste en ce que, dans le vol rapide, l'air n'ayant pas le temps de se dérober d'une manière sensible, celle-ci s'oriente comme une girouette, d'où il résulte que l'air entre sous l'aile tangentiellement, c'est-à-dire sans chocs qu'il s'écoule sans remous et sort sans vitesse normale. Il n'y a par suite aucun ébranlement moléculaire, par conséquent aucun travail perdu. On sait que cela est bien loin de se passer ainsi dans les propulseurs et récepteurs hydrauliques de l'industrie. L'observation que je viens de faire s'applique dans tous les cas, soit que l'oiseau plane, soit qu'il agite les ailes ; toujours l'aile s'oriente, forcée qu'elle est de le faire par la résistance de l'air comme point d'appui.

En résumé, l'oiseau ayant un effort très faible à faire pour vaincre la résistance de l'air et pour combattre le travail de la pesanteur, d'ailleurs, le travail perdu par l'aile étant sensiblement nul, l'oiseau n'a qu'une quantité insignifiante de force musculaire à dépenser pour tracer dans l'air un sillon horizontal.

Les battements des ailes, quelques lents qu'ils soient, donnent lieu à des composantes horizontales toujours directes et effectives, et à des composantes verticales alternatives et de sens contraire en dessus et en dessous. Il semble, au premier abord, que ces dernières devraient rendre le vol ondulé ; l'expérience montre qu'il n'en est pas ainsi, et cela s'exptique facilement à l'aide des principes précédents.

D'abord, le corps de l'oiseau offre une résistance d'inertie qui ne permet qu'un déplacement très insignifiant sous l'action des composantes verticales alternatives et de sens contraire, qui s'exercent pendant des durées très faibles. En second lieu, le corps de l'oiseau ainsi que l'origine des ailes, dont le déplacement oscillatoire est insignifiant, exercent sur l'air des pressions successives et instantanées.

Une foule d'observations confirment pleinement ces résultats de la théorie; je me contenterai d'en citer un petit nombre.

A l'époque où la chasse au vol était le passe-temps favori de la noblesse, le vol des oiseaux a été étudié avec le plus grand soin. On lit dans les traités relatifs à cette chasse que le faucon à la poursuite d'un oiseau cherche toujours à le dominer, puis se précipite verticalement sur lui comme un trait, et si sa proie lui échappe, il remonte, sans donner le moindre coup d'aile, exactement à la hauteur d'où il s'est précipité. Cela démontre évidemment que le travail de la résistance de l'air et celui de la pesanteur sont insignifiants, et qu'en outre, il n'y a pas de travail perdu.

Souvent on aperçoit, du fond d'une vallée, un point noir immobile se détachant sur le bleu du ciel. C'est un épervier qui, de ses yeux perçants cherche une proie à la surface de la terre. Si on est assez rapproché de lui, ou si on le regarde avec une longue-vue, ou voit des battements d'ailes très rapides, ce qui prouve qu'il dépense de grandes forces musculaires pour combattre la pesanteur, parce qu'il n'a pas de vitesse horizontale : Il se fatigue bientôt dans cette position et, par quelques coups d'ailes vivement détachés, s'élance horizontalement ; alors il plane et décrit une orbe horizontale, les ailes étendues sans les agiter une seule fois, puis revient exactement à son point de départ, où il se remet en observation, après s'être reposé en planant.

Je me borne à donner une dernière preuve tout-à-fait décisive et sans réplique. Les oiseaux de proie de haut vol, tels que vautours et condors, ainsi que les grands oiseaux de mer, supportent des abstinences excessivement longues et qui durent quelques fois plus d'une semaine. Or, d'après la nouvelle théorie physique sur la transformation de la chaleur en mouvement et du mouvement en chaleur, il est évident que la force musculaire vient des aliments.

Il résulte de là, de toute évidence, que, mal nourri, l'oiseau ne peut produire que peu de travail. On voit donc rigoureusement que les oiseaux dont je viens de parler doivent dépenser très-peu de force dans l'air et s'y reposer à peu près comme un animal dans son gîte.

S'il en est ainsi, et ce qui précède le met hors de doute, l'homme bien nourri, pourra, avec un appareil proportionné à son poids, voler dans l'air calme et y parcourir de longues distances.

Je ferai voir plus tard que cet appareil devra avoir des dimensions peu considérables.

Du vent comme moteur. — Les considérations sur le vol ne s'arrêtent pas là : je vais maintenant faire voir que, dans l'aviation, l'homme aura à sa disposition un moteur naturel qui ne lui fera guère défaut, et qui, sauf des cas rares, le dispensera de tout travail musculaire. Ce moteur c'est le *vent*.

A cette assertion on se demandera sans doute : Où sera le point d'appui ? Je répondrai encore : — Le *vent*. Ces deux propositions, le vent servant de moteur et le vent servant de point d'appui, semblent contradictoires. Je vais dévoiler un grand mystère de la nature dont les conséquences sont incalculables pour l'accomplissement des destinées humaines.

Comme l'assertion est extraordinaire et choque les idées reçues, j'ai hâte de prouver par l'observation que le fait existe, avant d'en donner une explication qui sera simple et évidente. Tous les traités d'histoire naturelle rapportent que l'albatros vole dans le vent, et l'emporte en vitesse sur les courants d'air les plus rapides, sans qu'on puisse apercevoir le moindre battement d'ailes. Ainsi j'extrais textuellement du dictionnaire d'histoire naturelle de M. Décembre-Alonnier, le passage suivant :

« Les albatros rasent la surface de la mer, et ne
« prennent un vol élevé que dans les gros temps ;
« ils semblent ne faire que planer, et l'on ne s'aper-

« çoit pas qu'ils impriment le moindre battement à
« leurs ailes. »

J'extrais encore, mais de mémoire, d'un article
de M. Radau sur l'aviation, article paru dans la
Revue des deux mondes, les observations faites par
un officier de marine qui rapporte que l'albatros a un
poids de 8 à 10 kilogrammes et une envergure
d'environ 3 mètres. Avec un vent faible, constate-
t-il, l'albatros a des mouvements d'ailes très-lents ;
à messure que la brise fraichit, ces battements
deviennent de plus en plus rares, et par grande
brise les ailes restent immobiles. Il s'écoule souvent
plus de 20 minutes sans qu'on puisse apercevoir le
moindre battement. Pendant ce temps, l'oiseau s'élève,
descend, vole dans toutes les directions, et progresse
même directement contre le vent — Cet officier de
marine, tout en faisant observer que ce fait lui paraît
inexplicable, émet l'opinion que l'oiseau exécute des
vibrations d'ailes infinitésimales que l'œil ne saurait
apercevoir.

L'explication de ce mystère est chose toute simple
avec la théorie que je viens d'exposer. — Il y a un
travail produit : or, les ailes de l'oiseau ne frappent
pas l'air, c'est donc l'air qui frappe les ailes, et comme cette percussion contre les plumes produit toujours des composantes effectives pour le sillage, l'oiseau est poussé toujours en avant, quelle que soit
son orientation.

Je vais faire voir à l'appui de cette assertion, que

l'oiseau qui vole dans l'air agité, a constamment ses ailes frappées alternativement dans les deux sens contraires. L'air, en effet, dans ce cas est rempli de remous d'autant plus violents que le vent est plus fort. Je me bornerai à un petit nombre d'observations pour le prouver.

Si on considère les flammes qui flottent en tête des mâts d'un navire, on voit, ainsi que je l'ai dit, des ondulations régulières parcourir ces légères banderolles. Mais, outre celles-ci, il y en a d'autres irrégulières qui secouent les flammes dans tous les sens, et ces oscillations sont d'autant plus amples et violentes que le vent est plus frais; et, dans les grandes brises, les flammes secouées font entendre des claquements.

Une seconde observation démontrant l'existence de ces remous consiste dans le spectacle que présente un corps très léger emporté par le vent; son mouvement, au lieu d'être rectiligne, est tout-à-fait irrégulier, et le corps est projeté vivement de côtés et d'autres.

Je me borne à ces observations qui établissent d'une manière incontestable l'existence de ces remous qui, frappant l'aile, la font fléchir alternativement en sens contraires et lui donnent des impulsions en avant, comme si l'oiseau frappait violemment l'air calme de coup d'ailes redoublés.

Comme ces percussions du vent contre l'aile augmentent d'énergie avec la force du vent, il en résulte qu'un oiseau bien organisé, comme l'albatros, non seulement résiste aux brises les plus violentes, sans le moindre effort musculaire, mais encore les surpasse en vitesse. — Dans le cas où il vole contre le vent, sa vitesse réelle est la différence de la vitesse du vent et de la sienne propre. — C'est la somme dans le cas contraire.

Ces remous sont nombreux et puissants près de la terre et de la mer, à cause du frottement de l'air contre la surface du globe. Les dénivellations produites par les vagues concourent puissamment à les faire naître. — Voilà pourquoi l'albatros vole si près de la mer sans avoir besoin d'agiter les ailes. — Ces remous consistent en des tourbillons roulant autour d'axes à peu près horizontaux, ce qui est la condition la plus favorable à leur efficacité. — Ainsi, lorsque l'albatros plonge dans la partie ascendante du remous, ses ailes sont frappées en dessous, et comme le corps de l'oiseau présente une résistance d'inertie considérable à cause de sa masse, les ailes et les plumes flexibles cèdent et l'oiseau glisse dans l'air comme sur un plan incliné. — Quand l'oiseau pénètre dans la partie descendante du tourbillon, il résiste encore par sa masse, les plumes s'infléchissent vers le bas, et en vertu de la vitesse acquise et des composantes effectives, l'oiseau glisse sur une lame d'air offrant la forme d'un plan incliné qu'il remonte. Le vol se trouve ainsi automatiquement rendu presque horizontal. La queue étalée de l'oiseau contribue aussi à cet effet automatique en faisant plonger en avant le corps de l'oiseau quand il se trouve dans un courant vertical de bas en haut, et en relevant l'avant au contraire quand il se trouve dans un courant descendant. La grande vitesse de projection rend ces effets efficaces, et l'oiseau, pendant ce temps, a un vol presque horizontal et repose dans l'air comme s'il était couché dans son nid.

On voit par ce qui précède, qu'une condition essentielle pourqu'un oiseau vole automatiquement dans le vent, consiste dans sa résistence d'inertie, c'est-à-dire dans la masse de son corps. — Une seconde condition, c'est la conformation des ailes qui doivent être longues, minces et étroites. — Les longipennes et généralement les oiseaux que l'on désigne sous le nom de *Rameurs*, présentent le type le plus parfait pour ce genre de vol.

Les oiseaux légers ayant des ailes larges et des plumes arquées, comme les oiseaux nocturnes, ne sauraient avoir un vol rapide et ne peuvent gagner contre un vent même modéré. — Ces observations expliquent pourquoi les oiseaux les plus lourds tels que les vautours et les grands oiseaux de mer, sont les oiseaux qui ont le vol le plus facile, le plus soutenu ou le plus élevé.

Je conclurai de là que l'homme, plus lourd qu'aucun des oiseaux de haut vol, avec un appareil proportionné à son poids, et tel que l'indique la théorie fondée sur l'observation, pourra l'emporter sur les oiseaux les mieux doués par la nature.

Grâce au vent comme moteur, l'aviation se présente sous un point de vue tout-à-fait grandiose, et l'on peut dire à l'avance, qu'en cherchant les parages où règnent les vents, ainsi que cela se pratique dans la navigation à voiles, l'homme pourra exécuter dans l'air des voyages de *circum aviation* comme il exécute aujourd'hui par mer des voyages de circumnavigation.

Du reste, il est à remarquer, comme dernière preuve de l'influence du vent sur le vol, que les longipennes qui passent leur vie dans l'air, ne se montrent guère que dans les parages où règnent des vents à peu près continuels, c'est-à-dire, dans les hautes latitudes. Les pétrels, qui, avec l'albatros, sont un des types les mieux réussis des longipennes, ne se rencontrent que dans les coups de temps violents, et ont été même surnommés, par les navigateurs, oiseaux des tempêtes. Les vautours, et le plus grand d'entre eux, le condor, planent au niveau des cîmes les plus élevées des plus hautes chaînes de montagnes, dans la région des nuages. Dans ces régions, la condensation des vapeurs produit des vents presque perpétuels, comme l'attestent Théodore de Saussure et les voyageurs qui ont exploré les hautes parties du globe. Là, règnent presque toujours, ainsi que l'indiquent encore les nuages, des brises superposées qui s'entrecroisent. Les frottements de ces colonnes d'air produisent nécessairement des tourbillons à axes horizontaux qui facilitent le vol de ces oiseaux. Suivant qu'ils s'élèvent ou qu'ils s'abaissent de quelques mètres, les oiseaux se trouvent dans des aires de vent de directions différentes, et ils peuvent toujours choisir une direction favorable au voyage qu'ils veulent entreprendre.

Il en sera de même pour l'homme, dès qu'il aura pris possession des régions atmosphériques.

L'aile n'est pas seulement un propulseur bien organisé pour le vol dans l'air, c'est encore un propulseur parfait pour le vol dans l'eau. En effet, les oiseaux plongeurs volent dans l'eau, et volent avec une grande rapidité. J'ai été plusieurs fois témoin de ce fait, que je n'ai vu consigné dans aucun traité d'histoire naturelle.

Une fois, entre autres, chassant en canot, j'étais sur le point de saisir un *bécassin* de la petite espèce qui, blessé, flottait à la surface de l'eau ; ma main était à quelques centimètres de l'oiseau, quand je le vis plonger, voler et disparaître rapidement dans les profondeurs d'une eau limpide. Seulement, comme l'eau offre un point d'appui incomparablement plus résistant que celui de l'air, il volait les ailes à demi ployées, comme l'hirondelle, lorsqu'elle lutte contre un vent puissant et contraire.

Depuis lors, j'ai été plusieurs fois témoin du vol des oiseaux dans l'eau. Il faut, du reste, qu'il en soit ainsi, car la plus part des oiseaux pêcheurs, comme les *martins*, n'ont pas les pieds palmés. Au reste, les propulseurs des poissons fonctionnent tous à la manière de l'aile des oiseaux. Ainsi, les nageoires comme les queues vibrent perpendiculairement au sillage, s'infléchissent et s'arquent, et les pressions normales de l'eau produisent des composantes dans le sens du mouvement. Certains poissons dont les nageoires sont très développées, peuvent même voler dans l'air, ce qui prouve que la nature emploie toujours le même mode de propulsion, moyen par lequel elle évite les pertes dues au travail moléculaire et au travail du recul, pertes qui, dans la navigation absorbent au moins les 4/5 de la force motrice.

Toutes ces observations diverses m'ont conduit à imaginer un nouveau propulseur imité des propulseurs de la nature, et qui jouira de tous les avantages que possèdent ceux-ci, en enlevant d'une manière à peu près absolue les pertes dues au recul et au travail moléculaire. — Je vais décrire ce propulseur qui, très simple comme construction, pourra se boulonner sur les flancs des navires, sans exiger aucune modification, soit dans leur membrure, soit dans leur arrimage.

Ce propulseur, à cause de sa forme, de ses propriétés et de son jeu, à reçu le nom d'*Aile propulsive*.

AILE PROPULSIVE

APPLIQUÉE A LA NAVIGATION

Les principaux organes des nouveaux propulseurs consistent en des palettes planes, longues, minces, étroites et nombreuses, attachées à des pivots excentriques de manière à ce qu'elles s'orientent dans l'eau comme des girouettes dans l'air. Les pivots auxquels les palettes sont rivées, tournent à frottement doux et sont implantés aux extrémités de leviers oscillants autour d'axes verticaux ou horizontaux. Dans le premier cas, ces propulseurs sont analogues aux queues des poissons; dans le second, aux aîles des oiseaux. J'ai adopté cette seconde disposition, qui m'a parue la mieux appropriée à la propulsion des bâtiments. C'est pourquoi, je désigne ces nouveaux organes sous le nom d'*Ailes*. Les pivots des palettes sont commandés par des ressorts qui tendent à ramener les palettes dans une position d'équilibre ayant la direction du sillage.

En faisant osciller les aîles pendantes sur les flancs

du bâtiment, les palettes implantées à leurs extrémités, et plongées dans l'eau, reçoivent des mouvements alternatifs perpendiculaires au sillage. La
résistance de l'eau, forçant les ressorts, fait simultanément incliner toutes les palettes d'une quantité
d'autant plus grande que les battements des aîles sont
plus précipités, que le sillage est moins rapide, et
que les ressorts sont moins tendus. Dans ces inclinaisons alternatives et de sens contraire, les palettes
reçoivent des résistances normales donnant lieu à des
composantes effectives dans le sens du sillage, composantes qui font progresser le navire. Une disposition très simple permet de raccourcir ou d'allonger
les ressorts directeurs des palettes, et de graduer
leur force de manière à obtenir le maximum d'effet
utile, c'est-à-dire, de vitesse. Tel est, d'une manière
générale, l'organisme des nouveaux propulseurs. Je
vais décrire les dispositions particulières auxquelles
je me suis arrêté, en commençant par un appareil
que j'ai appliqué à un canot, et qui reçoit le travail
musculaire d'un homme.

Légende. — La figure (1) représente une aîle en
élévation latérale. La figure (2) représente la coupe
transversale d'un canot, les aîles vues de profil, et
les montants auxquels elles sont articulées. La figure
(3) représente un des montants vu de l'intérieur du
canot. — Dans les trois figures, les mêmes lettres
représentent les mêmes parties.

a,a,a. — Coupe transversale du canot.

b,b,b. — Montants en forme de doubles potences, dont les bras horizontaux portent les articulations des ailes.

c,c,c. — Chassis rectangulaire constituant la charpente des ailes.

ɒ,ɒ. — Articulation des ailes. — Des boulons serrent les ailes entre deux planchettes, dont l'une est articulée avec les bras du montant. Par ce moyen on allonge ou on raccourcit les ailes autant qu'il est nécessaire.

e,e,e. — Palettes de forme rectangulaire, minces et étroites. Leur nombre est arbitraire. J'en ai placé trois.

f,f,f. — Manches excentriques des palettes. Ce sont des pivots tournant à frottement doux dans les traverses inférieures du chassis de l'aile. — Ces pivots sont coudés près des palettes, de manière que celles-ci tendent à s'orienter comme des girouettes.

g,g,g. — Lames en acier trempé fixées à la traverse supérieure du chassis, et portant les pivots des palettes, auxquels elles sont rivées à leur extrémité inférieure. Ces lames constituent des ressorts qui tendent à ramener les palettes dans le plan de l'aile, qui est leur position d'équilibre. Elles agissent par la force de torsion, qui est proportionelle à l'angle de torsion.

h,h. — Traverse mobile. — Elle est formée de deux barres qu'on serre avec des vis de pression. Les ressorts d'acier peuvent ainsi être pincés à diverses hauteurs, d'où résulte leur puissance directrice.

K,K. — Bielles articulées avec les ailes et servant à leur imprimer des battements concordants.

M,M. — Planchettes fixées aux extrémités des bielles. — Elles ont inférieurement des échancrures destinées à recevoir les genoux de l'homme moteur. Elles sont surmontées de deux manettes tenues par les mains.

L,L. — Ligne de flottaison.

Les traits pointillés se croisant sur l'axe d'oscillation de chaque aile, indiquent l'amplitude des oscillations.

Manière de se servir de l'appareil.

L'homme moteur est assis entre les deux ailes, le visage tourné vers la proue. Les pieds, séparés par une intervalle de trois décimètres, reposent sur un tabouret qui élève les genoux à la hauteur de l'épigastre. Les genoux sont engagés dans les échancrures, les mains tiennent les manettes et les bielles sont horizontales. Dans cette position, l'homme agissant avec les muscles des quatre membres, rapproche les extrémités libres des bielles jusqu'au contact, puis les écarte jusqu'à la limite d'écart des genoux. En répétant ce double mouvement, il produit des battements concordants des ailes, battements qu'il peut rendre très précipités. Dans ces mouvements alternatifs et contraires, les palettes plongées dans l'eau et disposées à l'arrière de leurs pivots éprouvent des inclinaisons alternatives et contraires combattues par les ressorts, et les résistances de l'eau normales aux palettes fournissent des composantes effectives qui font avancer le canot.

Un des avantages essentiels des ailes propulsives consiste dans la faculté de régler la force des ressorts, de manière à obtenir le maximum d'effet utile ou de vitesse. Le moyen qui procure ce résultat est fondé sur la remarque suivante. Si l'une des ailes transmet plus d'effet utile que l'autre, le canot doit évoluer du coté de l'aile la plus faible. Cela posé, on fixera les deux traverses mobiles encadrant les ressorts à deux hauteurs différentes, on fera battre les ailes, et le canot évoluera du coté de l'aile la moins effective. Il est facile de comprendre qu'un tatonnement très court aura bientôt réglé la position des traverses fournissant le maximum d'effet utile que chaque homme pourra produire d'après ses forces musculaires.

Pour faire évoluer rapidement le canot, il suffira d'agir sur une seule aile, ou seulement sur l'une moins fortement que sur l'autre.

Le moyen que je viens de décrire pour transmettre le travail des forces musculaires d'un homme à un

canot est nouveau et me paraît bien plus avantageux que les moyens employés jusqu'à ce jour. Il
sera essentiel surtout pour l'aviation, à laquelle je
me propose de l'employer Les avantages qu'il présente sont nombreux et importants. En premier lieu,
l'homme travaille simultanément avec les muscles de
tous ses membres et le travail est directement transmis. En second lieu, il produit une impulsion dans
chaque mouvement simple, ce qui n'a pas lieu dans
l'emploi des anciens propulseurs. En outre, ces
mouvements transmis aux ailes peuvent être d'une
très grande vitesse, amplifiés qu'ils sont par un levier
du troisième genre, ce qui sera essentiel surtout
pour l'aviation. Enfin, ce qui est important par
dessus tout, l'homme travaille sans secousses, et
sans avoir besoin de soulever ou de déplacer son centre de gravité, ce qui, dans les moyens usités, fait
perdre la majeure partie du travail en fausse manœuvre.

J'ajoute encore cette remarque importante, que
les deux ailes trouvent dans l'eau des points d'appui
se faisant réciproquement équilibre, ce qui double
l'effet utile, et qu'elles procurent deux forces dont la
résultante est tout-à-fait directe et située dans le plan
de symétrie du canot. Ces divers avantages ont une
importance capitale que je me propose d'utiliser pour
l'aviation.

J'ajoute encore quelques dernières remarques:

1° Par une disposition fort simple, deux hommes,

assis en face l'un de l'autre, pourront combiner leurs forces en les faisant agir sur une couple d'ailes propulsives;

2° Si la largeur de l'embarcation le permet, 4 ou 6 hommes assis en face deux à deux, pourront agir sur la même paire d'ailes ;

3° On pourra multiplier sur la longueur du canot les couples d'ailes, et les rendre aussi nombreux que les couples d'avirons. Enfin, on pourra faire agir les hommes sur un renvoi de mouvement.

Ailes propulsives pour navires de toute forme et de toute grandeur.

Légende. — La figure (4) représente en élévation latérale une aile appliquée contre le flanc de bâbord.

La figure (5) représente l'appareil de suspension vu de profil, de l'avant ou de l'arrière. Il se compose de deux paliers consoles boulonnés contre le flanc du navire, et d'un fort cadre en fer, pendant et oscillant.

La figure (6) fait voir en élévation latérale le cadre oscillant auquel l'aile sera boulonnée à une hauteur variant avec la charge du navire, de manière que les palettes reçoivent l'immersion la plus convenable.

aa.a'a'. — Fortes barres carrées en fer brut, constituant les deux pièces principales de la charpente.

b.b.b. — Palettes longues, étroites et très minces

portées par des pivots, coudés inférieurement en forme de manivelles. Elles sont disposées à l'arrière de l'aplomb des pivots, de manière à s'orienter automatiquement comme des girouettes.

c,c,c. — Pivots cylindriques en fer ou acier tournant à rottement doux dans des coussinets fixés aux deux traverses EE,FF.

d,d,d. — Lames en acier trempé servant de ressorts directeurs des palettes, et tendant à les ramener dans le plan de l'aile, qui est leur position d'équilibre. Elles agissent par la force de torsion qui est proportionnelle à l'angle de torsion.

K,K,K. — Boulons tournant dans la traverse supérieure GG. Ces boulons supportent les ressorts directeurs et par suite les pivots et les palettes.

EE,FF,GG. — Sont trois traverses horizontales métalliques portées par les montants verticaux des ailes mobiles, et qui glissent entre les barres a,a,a'a' Elles sont larges et minces, de manière à trancher les lames de la mer.

HH. — Traverse mobile horizontale que l'on peut fixer à différentes hauteurs. Son rôle essentiel consiste à régler la force des ressorts directeurs de manière à obtenir le maximum d'effet utile, et à procurer des évolutions très-rapides, en l'élevant ou en l'abaissant. L'un des côtés de la traverse est fixe et les ressorts directeurs sont pressés contre ce côté de la traverse par des petites barres que l'on peut faire avancer ou reculer au moyen d'excentriques recevant des mouvements simultanés. Lorsque la traverse est fermée, les ressorts sont pincés entre les bords voisins des deux lames, et agissent alors comme forces directrices sur les palettes. Quand, au contraire, on ouvre la traverse, les ressorts portés par les boulons tournants n'étant plus encastrés, les palettes deviennent folles et s'orientent comme des girouettes dans le courant relatif Dans ce cas, l'aile perd complètement sa puissance impulsive. Elle est complètement paralysée malgré ses battements. Elle bat à vide.

Un homme, préposé à ces fonctions, produira instantanément ces deux effets contraires, au commandement de l'officier de quart qui voudra faire évoluer le navire. Les évolutions seront extrêmement rapides, car, une aile étant paralysée, la force motrice se portera toute entière sur l'autre, et agit à l'extrémité d'un très long bras de levier, puisque les ailes sont en saillie.

Légende relative aux figure 5 et 6.

L.L. — Arbre d'oscillation en fer brut, carré, terminé par deux tourillons portés sur les paliers consoles.

M.M. — Barres en fer brut pendantes, fixées contre l'arbre d'oscillation. Elles forment les côtés verticaux du cadre oscillant.

B — Bielle bifurquée dont les deux bras sont fixés aux points P et P'.

P et P'. — Cette bielle, recevant un mouvement rectiligne alternatif, produit les battements de l'aile. La hauteur des points P et P' sur les montants est au gré du constructeur.

Q.Q. — Trous pour boulons dans les montants, servant à élever ou abaisser l'aile mobile et à faire plonger les palettes de la quantité convenable.

Les ailes propulsives seront appliquées sur les flancs des navires par couples, et un moteur, à l'aide d'un mécanisme trop simple pour être décrit, imprimera aux ailes des battements isochrones et concordants, comme ceux des ailes des oiseaux.

Un seul couple suffira pour les navires de petites et de moyennes dimensions, mais pour les steamers à grande vitesse et surtout pour les bâtiments de guerre, il y aura avantage à établir plusieurs couples d'ailes.

Considérations sur les propulseurs employés jusqu'à ce jour.

Avant d'analyser les avantages des nouveaux propulseurs, il me paraît nécessaire de signaler les principaux défauts des anciens.

Dans les traités et les cours de navigation à vapeur, on appelle *travail perdu* le produit de la résistance

de l'eau sur le propulseur, dans le sens du sillage,
par le recul de ce propulseur dans le liquide, recul
dû à la fuite de l'eau qui cède et se dérobe à l'arrière

Or, ce travail, que je désignerai, à l'exemple de
quelques auteurs, sous le nom de *travail du recul*,
n'est évidemment qu'une partie du travail perdu et
ne consiste pas la perte principale. Celle-ci résulte du
mouvement vibratoire que reçoivent le corps entier
du navire et la masse d'eau environnante. Ce travail
vibratoire est rendu sensible dans les bâtiments par
les secousses que l'on ressent surtout dans le voisinage
du propulseur. Ces vibrations ne sont autre chose
que du travail transformé en mouvement vibratoire,
c'est-à-dire en chaleur, comme le démontre la nouvelle théorie sur l'équivalence de la chaleur et du
mouvement, théorie qui constitue une des plus belles
découvertes de la physique moderne. Ce travail perdu
du recul est au moins le tiers du travail moteur et le
travail vibratoire constitue une perte de près de
moitié: Ces deux causes réunies font que le travail
utile n'est guère que le cinquième du travail moteur,
de l'avis des ingénieurs les plus compétents.

Si on appliquait les propulseurs actuels aux navires
du commerce, à l'aide d'une machine auxiliaire, la
perte serait encore plus considérable, vu les formes
de ces bâtiments, et pour obtenir une vitesse très
médiocre, on absorberait presque entièrement l'espace
et le chargement utiles, en tenant compte de la provision de combustible. On sait, en effet, que pour

transformer les bâtiments à voiles de la flotte, on est obligé de les couper pour les allonger considérablement, et on n'obtient que des vitesses faibles et des espaces insuffisants pour l'emmagasinement du combustible, avec lequel on est souvent obligé d'engager les batteries, quand on veut faire un voyage de quelque longueur.

La transformation des navires du commerce est donc impossible avec les propulseurs actuels. Il n'en sera pas de même avec les nouveaux propulseurs dont le rendement approchera beaucoup de l'unité, ainsi qu'on le verra bientôt, qui quintupleront l'effet utile des machines auxiliaires, et qui s'adapteront aux navires avec une facilité et une économie extrêmes.

Avantages des nouveaux propulseurs.

Les ailes à palettes multiples seront disposées symétriquement sur les flancs du navire. En général un couple d'ailes suffira, car on pourra leur donner une grande largeur et multiplier le nombre des palettes. Les coulisses des ailes permettront de régler leur longueur, de manière que les palettes soient plongées dans l'eau à la profondeur convenable, quel que soit le tirant d'eau.

Un moteur à vapeur, par un mécanisme très-simple, imprimera aux ailes des bâtiments concordants comme les battements des ailes des oiseaux et d'une amplitude de 60° environ. Alors la résistance de l'eau faisant incliner également et simultanément toutes les palettes soumises aux forces directrices de ressorts d'égale force, chacune d'elles recevra une résistance normale fournissant une composante effective dans le sens du sillage. La force directrice des ressorts, et la résistance de l'eau agissant en sens contraire, la déviation des palettes sera réglée automatiquement, comme cela à lieu pour les plans multiples constituant la surface des ailes des oiseaux et des queues des poissons.

Au moyen des traverses mobiles, on réglera la force des ressorts, en employant le procédé expérimental déjà décrit pour les ailes des canots. Alors les palettes, *restant toujours parallèles entr'elles, prendront à chaque instant des inclinaisons différentes toujours correspondantes au maximum d'effet utile.* Ces propulseurs, comme ceux de la nature, satisferont ainsi au *principe de la moindre action,* ou, du moins, s'en rapprocheront d'aussi près que possible.

De ce court exposé, il résulte évidemment que les causes de travail perdu signalées dans les anciens propulseurs, n'auront aucune influence dans les nouveaux. Ainsi il n'y aura pas de divergences dans les réactions normales de l'eau sur les palettes, qui, établies dans des conditions identiques, resteront constamment parallèles entr'elles. Les inclinaisons variables des palettes, correspondront à chaque instant au maximum d'effet utile, puisque les ressorts auront été réglés par l'expérience, de manière à obtenir cet effet; étant longues et minces, elles ne déplaceront pas une quantité notable d'eau et éprouveront une résistance d'inertie tout-à-fait négligeable.

Enfin, (condition essentielle), l'eau entrera sous les palettes *sans chocs* et en sortira *sans vitesse*, (ce qui évitera toute perte de travail provenant du changement de mouvement en chaleur). Il en sera exactement comme pour les organes locomoteurs des poissons, ainsi que je vais l'établir dans les paragraphes suivants, où je vais démontrer rigoureusement que les nouveaux propulseurs économiseront sensiblement toute perte de travail.

Le travail du recul a été regardé jusqu'à ce jour comme une perte inévitable, qui, dans la navigation actuelle, équivaut au moins au tiers du travail moteur. Je vais démontrer que les nouveaux propulseurs l'annuleront d'une manière sensiblement complète. — Ce fait résulte du principe suivant : *sous l'action des forces accélératrices, le déplacement initial des masses partant du repos a lieu avec une extrême lenteur.* — D'où il résulte que dans un instant initial très-court, *mais appréciable*, le déplacement est tout-à-fait insensible.

Je ne m'arrêterai pas sur ce principe dont j'ai déjà parlé, et dont j'ai fait voir une application dans mes considérations précédentes sur le vol des oiseaux.

En effet, si la perte due au recul dans le vol des

oiseaux est très-faible, ainsi que je l'ai démontré, elle sera tout-à-fait insensible dans l'eau qui offre un point d'appui plusieurs milliers de fois plus résistant; à cause de sa densité 800 plus grande que celle de l'air, de sa mobilité incomparablement moindre et de son incompressibilité.

Pour fixer les idées, je suppose que les battements des ailes soient produits par un arbre de couche à manivelles opposées, faisant trente tours par minute, ce qui produira 60 coups d'ailes. — J'admets que les longueurs des ailes, du centre d'oscillation au centre de pression des palettes, soient de 5^m, et que l'amplitude des oscillations soit de 60°, ce qui procurera une course d'un peu plus de cinq mètres pour le centre des palettes. — Je suppose, en outre, que la vitesse du navire soit de 12 nœuds, soit 7^m par seconde.

En vertu des vitesses simultanées des ailes et du navire, les palettes plongées dans l'eau, découperont ce fluide en tranches parallèles et sinueuses s'écartant peu de la direction verticale. — Pour donner une idée exacte de la forme des ces tranches, je vais analyser leurs surfaces latérales qui sont toutes identiquement égales.

La surface engendrée par chaque palette, en vertu de ses deux mouvements simultanés, est géométriquement définie. C'est un *conoïde* dont le plan directeur est perpendiculaire au sillage, et dont les deux directrices sont : l'axe d'oscillation de l'aile, et la courbe décrite par le point d'articulation de la bielle avec l'aile : point qui, en vertu des deux vitesses simultanées, décrit une courbe sinueuse sur la surface d'un cylindre qui a pour axe, l'axe d'oscillation et pour rayon, la distance du point sus-mentionné à cet axe. Cette dernière directrice est une sorte de sinussoïde enroulée sur le cylindre dont il vient d'être question.

Pour bien préciser le mouvement de la palette, je vais encore considérer sa trace sur un plan horizontal, celui de la flottaison, ou, ce qui revient au même, la trace du conoïde sur ce plan. Cette courbe, dont l'équation est trop compliquée pour la discussion, est, comme il est facile de le comprendre, d'après la génération du conoïde, à peu près semblable à la projection d'une hélice sur un plan parallèle à l'axe cylindrique. — Elle est représentée dans la figure (7). Elle est formée de lacets en forme d'S, alternativement renversés et raccordés sur les deux parallèles au sillage qui limitent les oscillations de la palette. — Les points A, A', A''.... correspondent aux points morts d'oscillation, et les points B, B'.... sont les points de vitesse maximum.

La palette, dans son mouvement, reste toujours sensiblement tangente à cette courbe. — Cela résulte évidemment de ce que l'eau n'a pas le temps de céder sous la pression instantanée de la palette.

L'inclinaison de la palette sur la direction du sillage est nulle aux points morts de vitesse des ailes, points correspondants aux limites d'oscillation et cette inclinaison est maximum aux points de vitesse maximum des ailes, points situés au milieu de la distance des points morts sus-mentionnés.

Telle est l'idée que l'on doit se faire du mouvement des palettes, et des variations simultanées de leurs inclinaisons. — Tout ce qui a été dit pour une s'applique naturellement à toutes les autres qui s'inclinent simultanément, en restant toujours parallèles entr'elles.

La distance parcourue par une palette entre deux points morts consécutifs, c'est-à-dire, pendant la durée d'une oscillation simple sera sensiblement de 10 mètres, et en supposant la palette large de 0^m10 c., cette distance sera égale à cent fois la palette : Or, comme l'intervalle entre deux points morts consécutifs est parcouru en une seconde, il en résulte que la palette, en chaque point de la surface qu'elle trace dans l'eau, n'appuirs sur ce point, en moyenne que pendant un centième de seconde. De là résulte rigoureusement cette conséquence. Chaque masse d'eau que la palette tendra à entraîner dans son passage rapide, n'étant poussée par la palette que pendant un centième de seconde, et chacune de ces masses partant du repos, il en résultera que ces masses ne seront déplacées que d'une quantité insensible ; en d'autres termes, le recul de la palette sera insensible pendant chaque centième de seconde, et sera très-petit et tout-à-fait négligeable pendant une seconde.

Pour assigner une limite à ce recul, et par suite, au travail du recul, je vais supposer que la masse d'eau entourant la palette à un moment donné, masse que la palette tend à entraîner avec elle, ait un poids égal à la force impulsive de cette palette. — Je suppose, en outre, *ce qui est tout-à-fait défavorable*, que cette masse ne soit pas gênée dans son mouvement par les masses environnantes d'un fluide incompressible. Dans ces conditions, la palette éprouvera un recul normal d'un demi millimètre pendant chaque centième de seconde, ce qui équivaut à cinq centimètres de recul par seconde. — Pour avoir le travail de recul, il faut projeter ce recul normal à la palette sur la direction du sillage, ce qui donnera environ trois centimètres de recul par seconde. — Or un recul de trois centimètres par seconde, comparé à la vitesse que nous avons supposé de 12 nœuds, soit 7^m par seconde, constitue un travail de recul égal à *trois septièmes de centième*.

Toutes les hypothèses sur lesquelles repose l'estimation que je viens d'établir sont facilement réalisables. La dernière, dans laquelle j'admets que la palette n'exercera pas une pression supérieure au poids de la masse d'eau qu'elle tend à déplacer à chaque instant est aussi réalisable que les autres qui le sont évidemment. En effet, la pression qu'une palette exerce sur l'eau dans le sens du sillage, quand la marche du navire est uniforme, est égale au quotient de la résistance de l'eau sur le navire, par le nombre des palettes, quotient qu'on peut atténuer en augmentant le nombre des palettes. Au reste nous avons admis que les masses d'eau pouvaient se mouvoir comme si elles étaient libres, alors qu'au contraire, elles sont gênées par les masses incompressibles environnantes. Cette condition, dis-je, est tellement défavorable que l'on ne se refusera pas à admettre que le résultat annoncé est une *limite* bien supérieure au travail de recul. Tous ceux qui ont quelquefois manié un aviron et qui ont senti la résistance au mouvement qu'il éprouve dans l'eau, seront certainement de cet avis.

Je crois donc pouvoir conclure que les nouveaux propulseurs *supprimeront d'une manière à peu près complète le travail du recul* et les vibrations moléculaires, par suite toute perte de travail. J'ai cru devoir insister sur ce résultat à cause de son importance majeure, et parce qu'il est tout-à-fait nouveau, et regardé jusqu'à ce jour comme irréalisable dans la navigation.

Ces nouveaux propulseurs ne seront pas seulement avantageux sous le rapport du rendement.

Fixés par des boulons aux flancs des navires, et au dessus de la ligne de flottaison, leur installation sera tout-à-fait simple et économique, et ils s'adapteront aux navires de toutes formes et de toutes grandeurs sans exiger aucune modification. On pourra les enlever et les mettre en place en quelques minutes, sans arrêter la marche du navire. En relevant les ailes contre les haubans, ou en les amenant sur le pont, on pourra réparer facilement les avaries s'il s'y en produit, chose impossible avec les anciens propulseurs. Enfin, ces ailes ne gêneront en rien la manœuvre et pourront être enlevées pour faciliter le chargement et le déchargement.

Les ailes ne présenteront aucune prise au choc des lames, et offriront très peu de chances d'avaries qui seraient du reste si faciles à réparer. En effet, leur charpente en fer solide et percée à jour n'aura pas à souffrir des coups de mer; les palettes excentriques couperont la lame et s'y orienteront dans toutes les directions.

Ainsi, sous tous les rapports, les nouveaux propulseurs offriront des avantages tout-à-fait exceptionnels et fourniront la solution la plus simple et la plus économique du problème qui préoccupe le plus le commerce et l'industrie maritimes, le problème de la transformation des voiliers en navires mixtes.

Dans ces navires on ne cherche à réaliser que des vitesses modérées, variant vers les six nœuds. Grâce aux nouveaux propulseurs quintuplant l'effet utile, la machine auxiliaire devra être fort légère et fort peu encombrante. On pourra l'incruster au milieu du pont, moitié à l'intérieur et moitié à l'extérieur, et elle exigera une provision de combustible peu considérable. Dans ces conditions, l'espace et le chargement utiles du navire ne seront pas réduits d'une quantité notable, ce qui est la condition essentielle.

Certainement la sécurité que procurera une machine auxiliaire contre les chances de naufrage, et dans les calmes, et la réduction des frais d'assurance du navire et du fret, imposeront seules cette transformation.

On pourrait objecter que les chocs des lames contre les palettes porteront à faux et tendront à rompre où à fausser les pivots. Cette objection serait sérieuse si les palettes étaient fixes, parce qu'on ne pourrait pas assigner une limite aux poussées résultant du choc des lames. Mais les palettes, tournant et s'orientant comme des girouettes, n'auront jamais à supporter des poussées supérieures à leur résistance, résultant de la force de torsion des ressorts, qui est proportionnelle à l'angle de torsion. On calculera la limite de cette résistance, et on donnera *aux pivots* une résistance à la torsion plus que suffisante pour la supporter.

Au reste, cette objection s'adresse bien plus sérieusement aux ailes des hélices, et elle est surtout grave dans ce cas, vu la difficulté des réparations.

Le tangage et le roulis n'auront aucune conséquence fâcheuse pour ces propulseurs, tandis que l'on sait que souvent au coup de tangage, l'hélice émerge, la machine, n'ayant plus de résistances, s'emballe, les pièces s'échauffent, et quand l'arrière revient à plonger, le choc violent résultant du double mouvement de l'hélice et du bâtiment fait souvent rompre une ou plusieurs des ailes de l'hélice.

Aviation au ras de l'eau.

Ainsi que je l'ai annoncé dans la préface, j'ai été arrêté, dans la réalisation de l'aviation sur l'eau, par l'insuffisance des propulseurs anciens. Je reprends aujourd'hui ce travail, que je crois résolu, grâce à l'emploi de l'aile propulsive.

J'ai en projet un bateau, ou plus tôt une sorte de boîte à fond plat et rectangulaire et à parois verticales. Le fond, bien dressé, sera un peu relevé à l'avant, de manière à former avec l'horizon un angle très aigu. Une quille métallique très mince, de cinq centimètres de tombée environ, sera fixée verticalement, de l'avant à l'arrière, sous le fond plat, séparant sa surface en deux rectangles égaux. Les parois latérales seront prolongées de deux centimètres au-dessous du fond, et ces prolongements formeront deux quilles métalliques très minces et parallèles à la quille du milieu. Ces quilles latérales formeront une saillie plus grande sous l'avant du bateau, qui sera relevé, tandis que ces quilles se prolongeront en ligne droite. Sur les flancs seront appliquées deux ailes mues par deux hommes, suivant la manière indiquée, ou par une machine à vapeur, si le véhicule est construit sur des dimensions un peu grandes.

Supposons que le véhicule parte du repos sous l'impulsion des ailes battant sur ses flancs. Il se relèvera d'abord de l'avant, et il s'avancera en glissant et en montant le long d'un plan incliné liquide, qui s'affaissera, sous son poids, d'une quantité d'autant plus petite que la vitesse deviendra plus grande. La vitesse augmentant, le véhicule sera de plus en plus soulevé par la réaction de l'eau, et, en vertu du principe des réactions infinitésimales, il courra sur la surface de l'eau sans affaissement sensible, quand la vitesse sera devenue très grande. Il ricochera alors d'une manière continue et tangentiellement à la surface du liquide, c'est-à-dire, sans chocs.

Lorsque la vitesse sera devenue très grande, l'air, refoulé sous la large proue du bateau, ne pouvant s'écouler latéralement, à cause des rebords, passera sous le fond plat, et formera une lame élastique qui portera le bateau, en diminuant le frottement de l'eau qui est déjà insensible.

Dans ces nouvelles conditions, la résistance de l'eau suivra une loi tout à fait inverse de celle qui régit le mouvement des navires. Dans la navigation, où des masses liquides sans cesse déplacées résistent par leur inertie, la résistance croît comme le carré de la vitesse, et même plus rapidement. Dans le nouveau mode, au contraire, où le liquide éprouvera des déplacements de plus en plus faibles, et tendant à devenir insensibles, la résistance variera en *raison inverse* du carré de la vitesse. En effet, la résistance sera évidemment proportionnelle à la pente du plan incliné sur lequel glissera le fond du véhicule. Or, cette pente sera proportionnelle à la dépression de la surface de l'eau sous le passage du bateau, et cette dépression, ainsi que nous l'avons vu, sera un infiniment petit du second ordre, proportionnel au carré de la durée du passage, et par conséquent en raison inverse du carré de la vitesse.

En partant du repos sous l'action des nouveaux propulseurs, le véhicule éprouvera, peu de temps après le départ, une résistance maximum. Les palettes s'inclineront alors sous un angle approchant de 90°, et les ailes procureront une puissance d'impulsion très énergique, qui sera suffisante pour imprimer au véhicule une marche accélérée qui le fera émerger de plus en plus. A mesure que le sillage deviendra plus rapide, les palettes prendront des inclinaisons de plus en plus faibles, et l'impulsion produite par les ailes ira en s'affaiblissant de plus en plus, en restant toutefois plus que suffisante pour produire une accélération du sillage, car la force impulsive des ailes variera en raison inverse de la vitesse du sillage, tandis que la résistance variera en raison inverse du carré de cette vitesse. En résumé, les nouveaux propulseurs donneront automatiquement en vitesse ce qu'ils perdront en force impulsive, celle-ci restant toujours supérieure à la résistance du liquide.

La force impulsive des ailes, restant toujours supérieure à la résistance de l'eau, il semble qu'il n'y aura pas de limites à la vitesse du bateau. Il en serait ainsi sans la résistance de l'air; mais cette résistance établira une limite de vitesse, comme elle l'établit dans le vol des oiseaux. Il est évident que cette limite sera fort éloignée, et que le nouveau mode de locomotion permettra d'obtenir des vitesses plus grandes que celles des chemins de fer. Ces vitesses n'auront aucun danger sur des nappes d'eau, en égard à la facilité d'évolution et d'arrêt.

Les véhicules moteurs pourront être attelés à des véhicules porteurs de même forme, ce qui constituera des convois rapides parcourant les lacs, les canaux, les fleuves et les rivières, qui deviendront ainsi des voies économiques et plus rapides que les chemins de fer. Ces convois auront un tirant d'eau insignifiant et pourront remonter des cours d'eau qui ne sont pas navigables.

Dans les anciens Mémoires déjà signalés, j'avais donné aux véhicules moteurs le nom d'*Hydro-locomotives*.

Ce qui précède achève de faire ressortir les propriétés essentielles des nouveaux propulseurs. Quelle que soit la vitesse du sillage, ils transmettent toujours un *maximum constant* de travail, et les facteurs de ce produit constant, qui sont la force et la vitesse, sont à chaque instant modifiés automatiquement, de manière à satisfaire toujours au principe de la moindre action. En effet, si, par exemple, la vitesse du sillage est le dixième de celle des palettes, celles-ci s'inclineront de près de 90°, et les ailes transmettront au bateau une force décuple de celle qui agit sur les palettes;

et si la vitesse du sillage devient décuple de celle des palettes, celles-ci prendront une inclinaison très faible, et ne transmettront que le dixième de la force qu'elles recevront du moteur. Mais cette force dépassera encore la résistance liquide, et produira de l'accélération, si son excès surpasse la résistance de l'air.

Ces faits résultent rigoureusement du parallélogramme des forces et de celui des vitesses. Ils expliquent le fait cité au commencement du mémoire : Pourquoi les battements des ailes, si lents, donnent un sillage si rapide aux oiseaux.

Ces propriétés, dont se trouvent dépourvus tous les anciens propulseurs, jointes à l'avantage d'un rendement presque quintuple, me donnent le ferme espoir de résoudre le problème de l'aviation au ras de l'eau. Mes espérances s'élèvent encore plus haut. J'ai en projet un appareil, fondé sur les mêmes principes, à l'aide duquel j'ai l'espoir de résoudre le problème qui a excité l'ambition des esprits les plus aventureux depuis Icare. J'ai désigné l'aviation dans les régions atmosphériques, qui rendra les hommes véritablement libres, et leur octroiera la pleine possession de la planète à la surface de laquelle ils ont été attachés jusqu'à ce jour.

Projet d'un appareil pour réaliser l'aviation

La possibilité du problème de l'aviation a été démontrée précédemment. La réalisation est une affaire de progrès, comme il en a été pour les machines à vapeur, et toutes les découvertes importantes. L'industrie fournira des vertèbres en acier minces et creuses, plus légères, plus élastiques et plus résistantes que les vertèbres et les tiges des plumes des oiseaux. Elle procurera aussi des gazes vernies aussi fines et aussi élastiques que les barbes de plume, et que les ailes des nèvroptères.

En attendant ces produits de l'industrie, je propose comme type le projet suivant d'un appareil servant à enlever un homme et formé d'éléments puisés dans la nature. Il est bien entendu que l'expérience devra apporter des modifications dans la construction de l'appareil.

Légende de l'appareil. — L'homme moteur est assis sur la selle *s*, ainsi que le montre la figure 9, les pieds reposant sur la traverse *t*.

n. a. a. — Cadre vertical en forme de V comme l'indique la figure 10. Les montants du milieu sont prolongés à l'avant et à l'arrière et se terminent par des tenons.

b. b. — Traverse passant sous les aisselles de

l'homme moteur. Une bretelle, fixée à cette traverse, lie complètement l'homme à l'appareil.

h. h. h. — Ailes fixes horizontales de 3 mètres de long. Ces ailes sont faites d'un roseau mince à l'arrière duquel on fixe de la gaze gommée. Les deux dernières ailes sont inclinées vers l'arrière comme le montre la figure 11.

q. q. — Fil de fer reliant toutes les ailes, qui sont soutenues, en outre, par des fils venant en dessus et en dessous des extrémités des montants.

v. v. v. — Ailes verticales mobiles autour de l'axe c. c. Toutes ces ailes sont reliées par une traverse légère p. p. sur laquelle s'articule la bielle motrice.

d. — *Bielle motrice.* — Elle reçoit son mouvement des manettes genouillières m. m. par l'intermédiaire du renvoi du mouvement x. x. Ce sont deux branches oscillantes autour du centre o, centre qui est libre, et qui, lorsqu'on fait rapprocher ou écarter les points m. m., se meut lui, suivant une droite verticale.

u. u. — Fils de fer soutenant les ailes fixes horizontales, et qui permettront d'alléger l'appareil.

Manière de se servir de l'appareil.

Du départ. — L'homme debout, la selle entre les jambes, et le tronc arquebouté entre la selle et les bretelles, se trouve complètement lié à l'appareil, tout en conservant libre l'usage de ses quatre membres.

En air calme, prenant les manettes à la main, il courra devant lui en agitant les ailes verticales. L'impulsion des ailes verticales et mobiles augmentera la rapidité de la course, en même temps que les ailes horizontales et fixes tendront à lui faire perdre pied. Il en sera comme des grands échassiers quand ils veulent prendre leur vol.

Bientôt la course s'accélérant, les enjambées devenant de plus en plus grandes, il quittera tout-à-fait le sol, et aussitôt, portant ses pieds sur la traverse et engageant les genoux dans les genouillères, il agira des mains et des jambes pour s'élever dans les airs et arriver à un vol planant. Dans ces conditions, il n'aura plus qu'à donner de rares coups d'ailes pour entretenir la vitesse horizontale.

Pour faciliter le départ, il pourra descendre sur une pente déclive. S'il fait un vent modéré, il courra droit au vent qui facilitera son ascension. S'il fait un vent violent, il n'aura qu'à présenter l'avant au vent, et le vent l'élèvera, grâce aux remous qui frapperont et feront infléchir les surfaces des ailes comme cela a lieu pour les albatros.

Du vol planant. — Pour cette question, je me borne à renvoyer le lecteur à ce qui a été dit pour le vol des oiseaux.

Une condition essentielle, c'est que les ailes soient flexibles et élastiques à l'arrière. Le moyen que je propose consiste dans des roseaux légers traversés par des baguettes minces de rotin. Sur ces baguettes seront tendues des gazes vernies à la manière des parapluies. Un réseau de fils très-fins en acier pourra servir à augmenter l'élasticité de la gaze.

Les ailes verticales qui procureront l'impulsion en avant, serviront en même temps à éviter les oscillations latérales et la dérive dans les changements de direction horizontale qui s'obtiendront facilement en agissant sur une aile plus fortement que sur l'autre.

Quant aux évolutions de haut en bas ou de bas en haut, elles seront produites par une inclinaison du couple d'ailes horizontales antérieures, inclinaison qu'on pourra faire varier à volonté, à l'aide d'une courroie légère sans fin, fixée en face de l'homme, à hauteur de ses mains.

Essais sur le mouvement des corps dans les fluides.

Lorsqu'un mobile, en vertu d'une force vive, se meut dans un fluide, il tend à prendre une direction que je désigne sous la dénomination de *direction d'équilibre dynamique stable*, et je désigne sous le nom d'axe d'équilibre dynamique la droite passant par le centre de figure, et fixée au corps suivant cette direction.

Lorsque l'axe d'équilibre dynamique est tangent à la trajectoire, la résistance du fluide a lieu en sens inverse de la vitesse. Dans ce cas, le mobile entraîne généralement avec lui une proue et une poupe fluides.

Les filets du fluide se séparent en avant de la proue et viennent se réunir sur l'arrière de la poupe, sans éprouver de changements brusques de vitesse, et glissent tangentiellement au contour que l'on désigne, en terme de marine, sous le nom de maître couple.

Si une force quelconque vient à agir sur le corps, cette force change la direction de l'axe d'équilibre dynamique. Alors la proue et la poupe fluides s'écoulent d'un côté, et les filets fluides viennent à chaque instant rencontrer l'autre côté du mobile sous des angles plus ou moins grands. Dans ces conditions, ce côté du corps éprouve une série de chocs d'où résulte une surpression très énergique. Je désigne cette série non interrompue de chocs sous le nom de *réactions infinitésimales*, et ces réactions infinitésimales jouent un rôle capital sur la trajectoire, en faisant varier considérablement la grandeur et la direction de la résistance. Dans ces conditions, la résistance du fluide change de grandeur et n'est plus dirigée en sens contraire de la vitesse. Ce cas se présente toujours dans le mouvement des mobiles dans l'air, car il y a toujours une force qui agit constamment sur le mobile et qui consiste dans son poids.

Pour démontrer ce principe, je pourrais citer une une multitude de faits et d'observations. Je me bornerai à un très petit nombre, pour ne pas sortir des limites que je m'impose.

Si on prend une palette tenue par un axe qui la divise en deux parties symétriques, et si on plonge cette palette dans un courant d'eau, en lui donnant une direction perpendiculaire au courant, il se forme une proue et une poupe fluides qui divisent les filets liquides et les empêchent de venir se briser contre la palette. Si on incline la palette dans le courant, en agissant par torsion sur l'axe, alors la proue et la poupe fluides s'écoulent d'un côté, et des filets fluides viennent à chaque instant se briser contre le côté le plus avancé dans le courant. Ce côté subit des réactions infinitésimiles, et éprouve une surpression très-énergique, de sorte que si on cesse d'agir sur l'axe, la palette revient instantanément dans la direction perpendiculaire au courant qui est évidemment une position d'équilibre stable.

Dans l'expérience que je viens de décrire, la palette perpendiculaire au courant, éprouve, en réalité, des oscillations dues à de faibles réactions infinitésimales agissant alternativement sur les deux côtés. Cela tient à ce que le fluide ne s'écoule pas par filets parallèles à cause des frottements et des aspérités du lit.

Si on place la palette dans la direction du courant, ses bords minces et tranchants divisent les filets fluides, et la palette éprouve une résistance très-faible. Elle est alors dans une position d'équilibre instable. En effet, si, en agissant sur l'axe, on lui donne une inclinaison sur la direction du courant, aussitôt les filets fluides viennent se briser sur le côté le plus avancé : ce côté éprouve alors des réactions infinitésimales, qui ramènent vivement la palette dans la direction d'équilibre dynamique stable, c'est-à-dire dans la position perpendiculaire au courant.

Si, plaçant la palette dans sa position primitive, perpendiculaire au courant, on lui imprime une vitesse perpendiculaire à ce courant, un des bords de la palette coupe et arrête subitement une série de filets fluides, et ce bord éprouve des réactions infinitésimales d'autant plus violentes que les filets fluides le frappent perpendiculairement. L'axe de la palette éprouve alors une force de torsion très-énergique, et la pression du fluide sur la palette devient beaucoup plus grande que lorsque la palette était en repos.

En remplaçant la palette par des corps de différentes formes, fixés au bout de l'axe, de manière à ce que celui-ci passe par leur centre de gravité, on peut s'assurer que les mêmes phénomènes se produisent, quoique d'une manière moins tranchée ; ainsi le corps prend toujours dans le courant une direction d'équilibre stable, à moins qu'il ne soit symétrique par rapport à l'axe. En étudiant la chûte des corps de formes différentes dans l'air et dans l'eau, on pourra se convaincre qu'ils tendent à prendre une direction d'équilibre stable, et, comme les remous qui existent toujours dans les fluides changent cette direction d'équilibre, ces corps prennent des mouvements oscillatoires et quelquefois rotatoires qui s'expliquent parfaitement par l'effet des réactions infinitésimales.

Je pourrais citer des masses d'observations à cet égard. Pourquoi un cerf-volant reste-t-il dans le plan vertical passant par le point d'attache de sa corde et ayant la direction du vent, ou bien oscille-t-il de part et d'autre de ce plan, en décrivant une courbe ondulée ? Les réactions infinitésimales fournissent l'explication de ce fait.

Analyse du mouvement des projectiles oblongs

Ce principe posé, je vais essayer d'analyser le mouvement des projectiles oblongs que l'on emploie dans la nouvelle artillerie. Je suppose que l'un de ces projectiles soit lancé horizontalement avec une vitesse rapide de rotation autour de son axe. D'après le principe de Gyroscope, la rotation du projectile tend à maintenir l'axe dans sa direction primitive. Si le projectile conservait cette direction, il n'éprouverait pas de réactions infinitésimales et glisserait sur une lame d'air. En vertu du principe des pressions successives et instantanées, la trajectoire se trouverait tendue et tendrait à rester horizontale.

Ce n'est pas la seule cause tendant à rectifier la trajectoire. L'air se trouve fortement condensé à l'avant du projectile, et dilaté à l'arrière, de sorte que celui-ci est appuyé contre l'air, plus fortement à la partie antérieure qu'à la partie postérieure. Le poids du projectile, agissant sur son centre de gravité, fait alors relever le projectile de l'avant, de sorte qu'il glisse ou tend à glisser sur une lame d'air ascendante. C'est là une autre cause qui tend non-seulement à rectifier la trajectoire, mais encore à la rendre convexe vers le sol. S'il n'en est pas ainsi, c'est que le poids du projectile est considérable, que sa surface d'appui sur l'air est relativement très-faible, et que sa vitesse n'est pas asssez grande. La trajectoire deviendrait ascendante, si on imprimait au projectile une vitesse beaucoup plus forte, ou si le projectile était assez léger.

Une troisième cause vient s'ajouter aux deux premières : l'axe de direction d'équilibre du projectile se trouvant relevé, le projectile éprouve sur la partie antérieure et inférieure, des réactions infinitésimales qui le relèvent encore de l'avant, ce qui tend encore à élever la trajectoire et fait que, si on imprimait à ces projectiles une vitesse suffisante, la trajectoire, au lieu d'être concave, serait convexe vers le sol.

Ces propriétés n'appartiennent pas seulement à la forme que je viens de considérer. Elles s'appliquent aussi à tous les corps de forme irrégulière qui, dans l'air, tendent à prendre une direction d'équilibre stable, direction contrariée par les causes que je viens de signaler.

Cette analyse se trouve confirmée par le mouvement des bolides qui pénètrent dans l'athmosphère. L'observation, en effet, a démontré que leur trajectoire dans l'air est convexe vers le sol et ressemble à des arcs d'hyperbole, C'est que la vitesse des bolides varie entre 50 et 100 fois celle du boulet au sortir de l'âme de la pièce. La cause de ce phénomène, qui n'a pas reçu encore d'explication, à ce que je crois, se trouve ainsi tout naturellement expliquée,

Si on suppose un plan sécant passant par le centre

de la terre, la coupe du globe terrestre a une étendue
50 fois plus grande que la couronne circulaire suivant laquelle ce plan coupe l'atmosphère. Cette remarque démontre que sur 100 bolides qui pénètrent
dans l'atmosphère terrestre, il devrait y en avoir 98
qui frapperaient le globe, s'ils n'étaient détournés
par l'atmosphère, tandis que la chûte des bolides
est un phénomène excessivement rare, et, si des mé-
téorites tombent sur le sol, ce sont des bolides très-
petits dont la force vive, peu considérable, est
détruite par la résistance de l'air, ou bien des éclats
de bolides que la chaleur détache de la surface de
bolides de plus grandes dimensions.

Quant aux bolides considérables, leur force vive
qui est proportionnelle au cube de leurs dimensions,
tandis que la résistance de l'air n'est proportionnelle
qu'à leur surface, c'est-à-dire au carré de ces dimensions, cette force, dis-je, est tellement considérable,
et la résistance de l'air contre leur surface est tellement puissante, que, par l'effet des réactions infinitésimales, ces bolides sont relevés de l'avant, glissent
sur une lame d'air ascendante et sortent toujours de
l'atmosphère. Il est fort heureux qu'il en soit ainsi,
car quelques-uns de ces bolides sont si considérables,
et leur force vive est si puissante, que, s'ils frappaient
le sol, leur choc pourrait peut-être leur faire percer
la croûte solide du globe et produire un cataclysme
pareil à celui que nous révèle l'apparition des étoiles temporaires.

C'est un fait tout à fait admirable que la couche atmosphérique qui, condensée sur la surface de la terre, donnerait une couche liquide de dix mètres environ, forme autour de la terre une cuirasse qui la préserve de chocs auxquels la croûte terrestre, de douze lieues d'épaisseur, ne résisterait peut-être pas.

En effet, on a aperçu des bolides à plus de 200 kilomètres de distance, et sous des angles de plusieurs secondes. Or, en admettant un angle de 2 secondes seulement, cela donne au bolide un diamètre de 100 mètres et un poids de plus de 2 millions de tonnes. La vitesse étant comprise entre 50 et 100 fois celle du boulet de canon, l'esprit se trouve effrayé du choc qui résulterait d'une telle masse possédant une pareille force vive. Il est donc fort heureux que la nature ait préservé la terre de pareilles rencontres.

Mais, si la terre est préservée contre les chocs des bolides, il ne doit pas en être de même de la lune qui est dépourvue d'atmosphère, et l'on doit apercevoir à la surface de ce satellite des traces nombreuses de ces chocs. C'est, en effet, ce que les astronomes pourront facilement constater, dès que leur attention aura été attirée sur cette manière d'expliquer la constitution physique de la lune. En effet, la théorie des volcans ne saurait soutenir une discussion un peu sérieuse.

Explication de la constitution physique de la lune.

Pour expliquer d'une manière générale la constitution physique de la surface de la lune, d'après l'hypothèse des bolides, je vais rappeler quelques faits fournis par l'observation :

1° Lorsqu'une plaque de verre ou de substance vitrifiée, est percée par un projectile, il se forme une multitude de fissures longues et rectilignes rayonnant autour du point frappé.

2° Lorsqu'un projectile doué d'une grande vitesse tombe dans l'eau, les couches qui reçoivent directement la force vive, étant retenues par les couches environnantes du fluide incompressible, jaillissent verticalement autour du projectile, et retombent sur place. Une partie de la force vive se communiquant de proche en proche aux couches suivantes, il en résulte une onde sphérique comprimée qui va en s'agrandissant, et qui produit à la surface une saillie circulaire qui s'éloigne de plus en plus de l'endroit frappé. Cette onde circulaire est suivie d'une suite d'autres plus faibles que la première, et qui vont également en s'éloignant du centre et en s'affaiblissant.

3° Si un projectile tombe d'une grande hauteur dans un bassin couvert d'une couche de glace de quelques centimètres d'épaisseur, la glace est brisée et sillonnée de nombreuses fissures rectilignes rayonnant du centre. Les couches d'eau qui reçoivent directement la force vive, jaillissent en brisant et en soulevant un anneau circulaire de glace qui retombe sur les bords de la cavité, et qui resterait sur ces bords sans la nature glissante de la surface. En même temps, l'onde sphérique comprimée, qui va en s'agrandissant, exerce une pression sous la glace, et tend à soulever d'autres anneaux concentriques. Si cet effet n'a pas lieu, c'est que la vitesse du projectile et sa force vive ne sont pas suffisantes.

4° Lorsqu'un corps susceptible d'écrasement est lancé, avec une grande vitesse, contre un sol dur, le projectile s'écrase, les parties latérales sont projetées dans tous les sens, et la partie centrale reste appliquée sur le sol en forme de pic en miniature. Si le sol n'est pas assez résistant, il s'affaise sous le projectile, et se relève tout au tour en bordure circulaire. Le projectile brisé forme un pic au milieu de l'excavation, et des masses de débris labourant le sol de la cavité, s'échappent tout au tour en dehors de la bordure circulaire. Tels sont les faits sur lesquels je vais m'appuyer.

La lune étant ronde a été originairement liquide. En se refroidissant, elle s'est recouverte d'une croûte terne et réfléchissant peu de lumière solaire. Ce fait est prouvé par la couleur sombre des plaines basses qui ont conservé leur état primitif.

Cette couche ayant acquis une épaisseur de quelques centaines de mètres, et étant encore peu dure, a dûe être facilement traversée par des bolides de grandes dimensions. D'après les faits cités, la couche liquide recevant la force vive du bolide, a du jaillir verticalement tout autour, en soulevant et en renversant extérieurement un anneau circulaire qui a formé une première bordure. Une partie de l'énorme force vive du bolide transmise aux couches liquides environnantes, a soulevé en général des contreforts et quelquefois une seconde enceinte autour de la première. La lave déplacée par le bolide a dû former une plaine unie dans l'intérieur de cette enceinte. Ainsi s'explique la formation des plus anciens cirques formés à la surface de la lune, et renfermant une plaine unie.

Plus tard, lorsque la croûte est devenue plus épaisse et plus dure, les grands bolides ont dû se briser contre l'écorce de l'astre. Mais, vu leur énorme force vive, ils ont dû pousser devant eux une sorte de bouchon cylindrique, qui a dû exercer, sur le liquide incompressible, une compression énorme, et cette compression a soulevé la croûte tout autour de ce bouchon. Il a dû se former ainsi une enceinte à parois intérieures escarpées. Le bolide écrasé a dû former un pic au milieu de cette enceinte. En même temps des quantités énormes de débris conservant une grande partie de leur force vive, ont dû labourer le sol, et être projetées en dehors de l'enceinte. Ces débris ont dû conserver pour la plus part une vitesse suffisante pour sortir de la sphère d'attraction de la lune, et même de la sphère d'attraction terrestre, car le calcul indique qu'une vitesse quatre fois plus grande que celle d'un boulet de canon suffit pour qu'un projectile lancé de la surface de la lune, sorte de la sphère d'attraction de cet astre. Une vitesse plus grande les ferait sortir encore de la sphère d'attraction terrestre. Cela indique une des origines des corps nombreux qui circulent autour de la terre et du soleil et qui produisent les phénomènes des étoiles filantes et des globes de feu.

Comme dans le cas précédent, la force vive se transmettant aux couches liquides voisines, a quelquefois soulevé une seconde enceinte autour de la première.

D'après un des faits sur lesquels je m'appuie, l'écorce vitréfiée de la lune a dû recevoir des fissures rectilignes, et l'onde comprimée allant en s'élargissant et en pressant sous l'écorce brisée, a dû former dans cette écorce ainsi étoilée, des lignes de faite et des thalwegs rectilignes divergents du centre. La matière incondescente comprimée s'est alors fait jour par les fissures et a comblé les thalwegs, de laves qui, se refroidissant, ont formé des bandes douées d'un grand pouvoir diffusif de lumière. Ainsi s'expliquent naturellement ces longues bandes brillantes qui rayonnent comme des gloires autour des principaux cirques et qui ne forment aucun relief.

Dans certains cirques ces bandes ne s'étendent que d'un côté. Cela s'explique par l'obliquité du bolide dans cette direction.

Plus tard, la matière liquide intérieure se refroidissant, l'écorce de la lune s'est ridée et il s'est formé des chaînes de montagnes comme à la surface de la terre. Ces rides ont dû se produire naturellement dans les parties de l'écorce fracturées par les bolides. Cela explique pourquoi les grands cirques se trouvent principalement dans les chaînes de montagnes de la lune. Cela explique aussi pourquoi ces bandes lumineuses s'étendent aussi bien dans les régions de montagnes que dans les plaines. Le cirque de Tycho qui est entouré de plus de 100 bandes lumineuses qui s'étendent sur près de la moitié de l'hémisphère visible de la lune est, d'après cette théorie, celui qui a fourni le plus grand nombre de fissures. Ce cirque se trouve précisément être le centre duquel partent, comme ramifications, les principales chaînes de montagnes de notre satellite, ce qui semble une confirmation de la théorie.

Dans les époques plus rapprochés de nous, l'écorce de la lune étant devenue impénétrable aux bolides, ceux-ci, suivant leur dureté relative, ont formé des excavations profondes bordées par des talus en saillie, ou des excavations avec pic au milieu, ou simplement des pics. Dans ces derniers cas, ils ont produit des masses de débris lancés dans l'espace.

La lune présente des excavations rectilignes qu'on appelle des rainures ou rigoles, ayant pour la plupart, plusieurs centaines de mètres de profondeur et de largeur, et plusieurs lieus de longueur. Ces fossés ne sont limités par aucune bordure, et ces rigoles traversent quelquefois des chaînes de montagnes. Jusqu'ici aucun sélénographe n'a fourni une explication sur la formation de ces rainures. La théorie nouvelle les explique de la manière la plus naturelle. Ce sont des bolides qui ont frappé la surface de la lune tangentiellement ou sous des angles très aigus. Un fait qui le démontre, c'est que les points les plus profonds de ces excavations se trouvent vers le milieu de leur longueur. C'est là encore une autre origine des corps qui circulent dans l'espace, car on n'aperçoit aucun déblais provenant de ces énormes excavations. Tous les matériaux provenant du bolide brisé et du sol de la lune arraché, ont été projetés dans l'espace. C'est là une des explications les plus frappantes en faveur de la nouvelle théorie. Ces rainures sont très nombreuses, et aucun déblai produit à la surface de la terre, ne saurait donner une idée de la quantité de matière qui a été extraite de chacune de ces fentes.

Des sélénographes ont remarqué des changements modernes dans la configuration de la lune, d'où ils ont conclu à des actions volcaniques, ce qui est contraire à l'opinion généralement admise que la lune est un corps tout-à-fait refroidi. Ces changements s'expliquent facilement par la théorie fondée sur les chocs des bolides.

La nouvelle théorie explique aussi d'une manière tout-à-fait naturelle pourquoi certains cirques paraissent en partie enfouis ; c'est qu'ils ont été formés au moment où l'écorce de la lune était encore peu épaisse, peu résistante et cédait encore facilement sous le poids des talus circulaires. Cette explication semble plus naturelle que celle qui a été donnée par M. Chacornac qui attribue ce fait à des épanchements boueux.

Les grands cirques de la lune sont très-nombreux; mais, outre ces cirques, la lune est parsemée de cavités circulaires de plus faibles dimensions, avec ou sans pics au milieu, et bordées d'une saillie circulaire. Les sélénographes les appellent des cratères. Ces cratères, de différentes grandeurs, sont en nombre prodigieux, et, comme pour les étoiles, leur nombre augmente à mesure que leur grandeur diminue. Ces cratères sont de formation plus récente que celle des cirques, car on les voit souvent implantés dans l'intérieur des cirques et dans leurs bordures elleptiques. On voit aussi, surtout dans les parties montagneuses et dures de la lune, des multitudes de pitons qui, comme les cratères, s'expliquent par des chocs de bolides de dimensions beaucoup plus petites que ceux qui, antérieurement, ont donné lieu à la formation des grands cirques. Ces faits sont la conséquence toute naturelle de la nouvelle théorie d'après laquelle les grands bolides ont engendré des multitudes de bolides de dimensions relativement beaucoup plus petites, projetés dans l'espace et gravitant autour de la terre ou du soleil.

M. Delaunay a donné une explication relative à l'accélération séculaire de la lune. La théorie des bolides en fournit une autre toute naturelle qui peut être vraie en même temps que celle du célèbre astronome. En effet, l'hémisphère oriental de la lune étant frappé plus fréquemment et plus violemment que l'hémisphère occidental, comme l'indiquent les bouleversements qu'on remarque dans cet émisphère, il doit en résulter un petit ralentissement dans la vitesse de translation et par suite une abréviation légère dans la durée de la révolution. Il serait aussi possible que les petites inégalités que l'on trouve entre la position calculée et la position observée de notre satellite tiennent à la même cause.

Les traces que les bolides ont laissées à la surface de la lune ont quelquefois des dimensions énormes. Ainsi, il existe des cratères qui ont jusqu'à 60 kilomètres de diamètre, et des pics qui s'élèvent à 5,000 mètres au-dessus de leur base. Ils devaient être bien gros, les bolides qui ont laissé de tels vestiges, et ils ont dû répandre dans l'espace des myriades de débris de toutes grandeurs.

Ces phénomènes tiennent à des causes générales qui régissent l'univers. Les parages parcourus par la terre ne peuvent pas être les seuls sillonnés par des bolides, et la lune n'est pas le seul astre dépourvu d'atmosphère. En effet, qu'eût-il fallu pour que la terre, par exemple, n'eût pas d'atmosphère. Il eût suffi que sa masse constitutive eût été dépourvue d'une quantité d'azote qui ne représente pas la millionième partie de sa masse ; car, dans ce cas, le petit excès d'oxigène contenu dans l'atmosphère se serait certainement combiné avec la matière solide.

Cette théorie que je viens d'exposer, tend à confirmer l'opinion assez généralement répandue parmi les astronomes, relativement à la planète principale qui aurait circulé entre les orbites de Mars et de Jupiter, planète qui est remplacée par une multitude de débris télescopiques. Le fait soupçonné par les astronomes, pourrait fort bien être l'origine d'une multitude de bolides dont on aperçoit encore les principaux circulant entre Mars et Jupiter.

Si des bolides pénètrent souvent dans l'atmosphère terrestre, il doit, à plus forte raison, en être ainsi dans l'atmosphère solaire, avec cette différence que, lorsqu'ils arrivent dans celle-ci, leur vitesse, accélérée par l'énorme attraction de cet astre, doit être incomparablement plus grande que celle des bolides qui traversent notre atmosphère, et égaler plusieurs centaines de fois la vitesse du boulet de canon.

Cette observation nous conduit à une explication naturelle de l'origine des comètes ; car, dans la nature, quand on remonte aux causes, on arrive toujours au principe qu'on a formulé ; *Unité de cause, multiplicité d'effets.*

Lorsque les bolides pénètrent dans le milieu résistant qui enveloppe et protège la terre, la pression que leur partie antérieure exerce sur le fluide, et la con-

densation qui en résulte sont tellement grandes, qu'il
y a un dégagement de chaleur prodigieux comme
l'indique la vivacité de la lumière que répandent ces
corps. Cette chaleur est telle que la surface du bolide
fond rapidement, et la matière fondue et comprimée
s'échappe et jaillit tout autour du bolide. C'est ce qui
explique la trainée lumineuse que ces bolides laissent
sur leur passage.

Cette chaleur est telle, que souvent la matière se
décompose en partie, en abandonnant l'oxygène,
et brûle de nouveau dans l'atmosphère. C'est ce qui
explique la persistance de la trainée lumineuse qui
dure quelque fois près d'une minute, et la différence
des couleurs des bolides et des étoiles filantes, car on
sait que les corps simples brûlent en répandant des
lumières différentes et souvent caractéristiques.

Si les bolides se désagrègent en partie dans l'atmosphère terrestre, il doit en être ainsi, mais dans
des proportions incomparablement plus considérables
quand ils pénètrent dans l'atmosphère solaire dont la
température est prodigieusement élevée, surtout la
vitesse étant incomparablement plus grande. La
chaleur que dégage le fluide comprimé par le mobile,
doit dépasser toutes les idées que l'on peut se faire,
et le bolide doit fondre et se désagréger avec une
prodigieuse rapidité. Il résulte de là que les bolides
doivent sortir de l'atmosphère solaire, accompagnés
d'une partie de leur masse complètement désagrégée.
Cette poussière éclairée la nuit par les rayons solaires

donne probablement lieu alors aux longues nébulosités qui accompagnent les comètes. Cette poussière, par un effet répulsif de la chaleur se tient toujours du côté du bolide opposé au soleil, d'après les expériences de M. Faye.

Les bolides sortis de l'atmosphère solaire devraient, d'après la loi de Newton, décrire des ellipses excessivement allongées et revenir vers le soleil, s'ils n'éprouvaient pas de perturbations. Mais l'attraction des planètes doit altérer sensiblement la forme des orbites, et ces corps ne doivent plus retomber sur le soleil, mais revenir dans son voisinage. Leur distance périhélie doit être généralement très petite, à moins qu'ils ne soient passés dans le voisinage de quelque grosse planète.

Ces considérations expliquent pourquoi les orbites des comètes sont toutes des ellipses tellement allongées, que la partie de leur orbite visible ne diffère pas sensiblement d'une parabole, et pourquoi les comètes, comme les bolides terrestres, et au contraire des planètes, sillonnent l'espace dans toutes les directions.

Je me borne à ces considérations succintes, n'ayant d'autre but que d'attirer l'attention des astronomes sur une idée nouvelle que je crois vraie.

Marseille, 10 avril 1872.

6, Place Saint-Michel.

H. & L. P.

NOTES.

NOTE A

L'envergure pour l'homme.

L'envergure des ailes, d'après la théorie, doit être proportionnelle à la racine cubique du poids. C'est ce que l'expérience confirme quand on compare des oiseaux d'un même genre mais de dimensions différentes, et également bien organisés pour le vol, comme par exemple les oiseaux composant la nombreuse tribu des faucons. D'après cette loi, et en prenant pour type le condor dont le vol est le plus puissant et le plus élevé, on trouve que l'envergure pour l'homme devra être à peu près de 6 mètres.

NOTE B

De la possibilité des du choc des Bolides.

— —

Est-il impossible qu'un grand bolide puisse tomber sur la surface de la terre? Je crois que le fait pourrait être arrivé. En effet, pour certaines formes de projectiles se rapprochant de la sphére, l'axe de direction d'équilibre dynamique a très peu de stabililité, même dans le cas d'une résistance prodigieuse, comme celle qu'éprouvent les bolides. Dans ce cas, la trajectoire ne peut être relevée jusqu'au point de devenir convexe vers le sol. Les nombreuses expériences que j'ai faites m'ont d'ailleurs démontré, que, dans certaines formes exceptionnelles, la résistance, au lieu de relever trajectoire, la rend au contraire inclinée vers le sol. J'ai lu quelque part qu'il existait dans l'archipel du golfe du Bengale une montagne du nom de *Pic de la Selle* de plus de 2,000 m. de hauteur, dont la forme aigüe se rapproche de celle des pics de la lune, et dont les géologues n'avaient pu expliquer jusqu'ici l'origine. Ce pic n'aurait-il pas pour origine, la chute d'un bolide, dont la force vive aurait été en majeure partie amortie par l'énorme résistance des couches inférieures et denses de l'atmosphère? Ce p'e forme-t-il une exception à la surface du globe? Je me borne à soulever cette question et je laisse aux hommes compétents la solution de ce problème.

NOTE C

Considérations générales sur les propulseurs.

Lorsqu'un propulseur appuie sur l'eau sans que le point d'appui change, le propulseur prend un mouvement accéléré. Dès lors, il n'y a qu'un moyen d'atténuer le recul : c'est de faire changer le point d'appui, et plus ce changement sera rapide, plus les masses successivement pressées résisteront par leur inertie et moins la vitesse du recul sera grande. Dans les propulseurs à roues, l'appui se fait successivement sur des masses différentes, car les palettes s'enfoncent en même temps qu'elles reculent en arrière. Mais le déplacement du propulseur relativement aux masses pressées se fait lentement, et ce déplacement, au lieu d'être tangentiel, se fait obliquement à la surface du propulseur. D'après la nouvelle théorie, il en résulte des réactions infinitésimales qui s'exercent sur le bord extérieur des palettes. Par suite, ces bords subissent la majeure partie de la résistance de l'eau et la partie moyenne et intérieure des palettes eprouve une résistance très faible, et qui même peut être négative. L'expérience prouve en effet, qu'en en augmentant la largeur des palettes on diminue très peu le recul, et même qu'on peut l'augmenter. Les bords extérieurs des palettes frappent l'eau avec une énergie tellement grande, que celle-ci est projetée avec une grande vitesse quoique dans un temps très court. De là vient le recul considérable des roues.

Ce n'est là qu'une partie de la perte de travail occasionné par ces propulseurs. Il résulte une perte encore plus grande que le recul, par suite des vibrations moléculaires qui ne sont autre chose que du travail transformé en chaleur.

L'hélice présente des inconvénients aussi grands que les roues. D'abord elle exerce une aspiration puissante sur la colonne d'eau qui la précéde, de sorte que les masses d'eau qui entrent sous ses ailes sont déjà animées d'un recul considérable. Des réactions infinitésimales d'une énergie extrèmes exercent sur le bord antérieur des ailes et, sous cette action puissante, l'eau frappée prend instantanément la vitesse de l'hélice, et ne réagit que très faiblement sur la partie moyenne et postérieure des ailes.

L'expérience prouve, en effet, que la largeur des ailes a très peu d'influence sur la force propulsive des hélices, et qu'au delà d'une certaine limite qui ne dépasse pas la moitié du pas, cette largeur est plus nuisible que favorable.

Les défauts que je viens de signaler, et qui ne sont pas les seuls, se trouvent complètement évités dans les ailes propulsives. Dans celles-ci l'eau entre tangentiellement sous les palettes, ainsi que cela a été démontré; la pression se fait uniquement en vertu de ressorts directeurs, et, au lieu de porter sur une très petite partie de la surface comme dans les propulseurs usités, elle se trouve uniformément répartie, de sorte que les pressions étant successives et instantanées, et portant sur toute l'étendue des surface des propulseurs, il n'existe aucune de ces pressions excessives qui produisent une vitesse considérable dans un temps très court. Cela démontre que les surfaces propulsives devront avoir une étendue très-médiocre et ne donneront néanmoins qu'un recul insensible. On imitera ainsi la nature qui, employant les mêmes moyens, a donné aux oiseaux destinés à passer leur vie dans l'eau, des organes propulseurs d'une étendue très faible, ainsi qu'on le remarque dans les manchots et les pingouins.

J'ajoute, comme caractère tout-à-fait distinctif entre les anciens et les nouveaux propulseurs, que le premiers ne peuvent produire une impulsion que par l'effet des réactions infinitésimales, et que l'effet impulsif sans chocs exige, *de toute nécessité*, *des plans automoteurs régis par des ressorts*, qui transforment les réactions infinitésimales en pressions successives et instantanées.

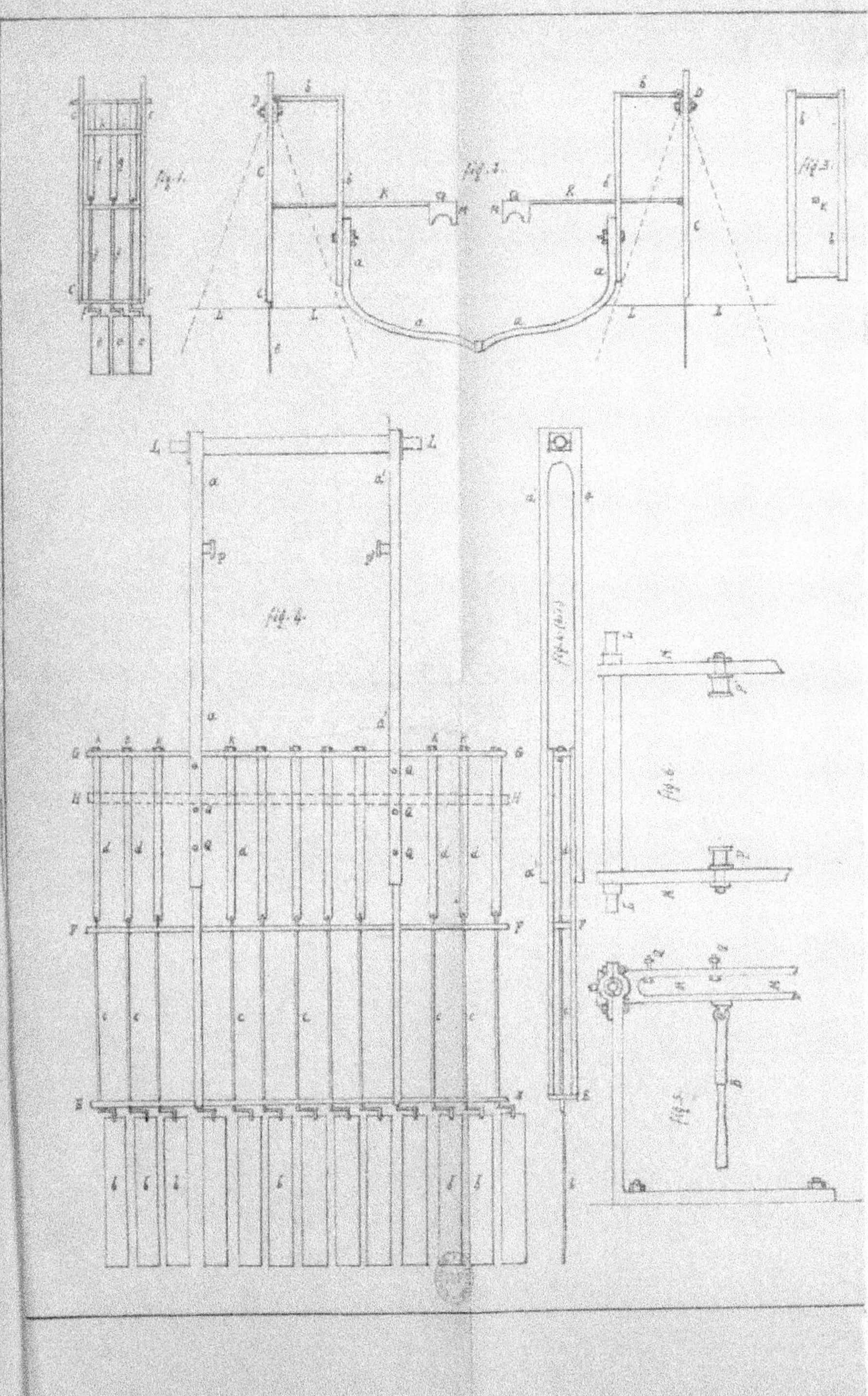